化工原理实验

（第二版）

宋　红　史竞艳　主编

华中师范大学出版社

内 容 提 要

　　本书分为基础部分和实验部分,具体包括实验基础知识、实验数据的测量及计算机数据处理、化工实验参数测量技术、化工原理基础实验、化工原理综合实验等七部分,内容讲解简洁实用,强调工程观念和方法论,重视计算机测控技术和数据处理方法的运用。本书可作为高等院校化工及相关专业的化工原理实验课程的教材或教学参考书,也可作为石油、生物化工、环境、医药等部门从事科研、生产技术人员的参考书。

图书在版编目(CIP)数据

化工原理实验/宋红,史竞艳主编. —2 版. —武汉:华中师范大学出版社,2019.8
(21 世纪高等教育规划教材·化学系列)
ISBN 978-7-5622-8747-6

Ⅰ.①化… Ⅱ.①宋… ②史… Ⅲ.①化工原理—实验—高等学校—教材
Ⅳ.①TQ 02-33

中国版本图书馆 CIP 数据核字(2019)第 163693 号

书　　　名	化工原理实验
主　　　编	宋　红　史竞艳ⓒ
选题策划	华中师范大学出版社第二编辑室　电话:027-67867362
出版发行	华中师范大学出版社
地　　　址	武汉市洪山区珞喻路 152 号　邮编:430079
	销售电话:027-67861549
	邮购电话:027-67861321　传真:027-67863291
	网址:http://press.ccnu.edu.cn　电子信箱:press@mail.ccnu.edu.cn
责任编辑	李　蓉　　责任校对:罗 艺　　封面制作:胡　灿
印　　　刷	湖北民政印刷厂　　　　　　　　督　　印:王兴平
开本/规格	787 mm×1092 mm　1/16　　印　张:8.75　字　数:210 千字
版　　　次	2019 年 8 月第 2 版　　　　　印　次:2019 年 8 月第 1 次印刷
印　　　数	1—3000　　　　　　　　　　　定　价:24.50 元

敬告读者:欢迎上网查询,购书;欢迎举报盗版,电话 027-67867353。

前　言

本教材根据高校"化工原理实验"课程的教学需要编写。为了适应不同专业的教学要求,内容选取上重点包括实验基础知识、实验数据的测量及计算机数据处理、化工实验参数测量技术、化工原理基础实验、化工原理综合实验等七部分。化工原理基础实验包括雷诺实验、伯努利实验、离心泵实验、套管换热器液-液热交换实验、填料塔气体吸收实验、填料塔连续精馏实验、流化床固体干燥实验、恒压过滤实验等典型的单元操作实验。化工原理综合实验包括流体综合实验、传热综合实验、连续精馏计算机数据采集和过程控制实验、连续搅拌釜式反应器液相反应动力学实验。化工原理实验的教学目的是帮助学生建立起一定的工程观念,学会分析实验装置的结构、性能和流程,并通过在实验中的操作和观察,掌握一定的基本实验技能。

本教材既强调了学生对化工原理知识的学习,又突出了化工实验的共性问题,详细介绍了实验数据的测量及计算机数据处理、化工实验参数测量技术,并配有相应的实验软件,便于学生自学。

本教材可作为高等院校化工及相关专业的"化工原理实验"课程的教学用书。编者注重实验数据处理以及实验结果讨论的环节,重视训练学生的实验操作能力、仪器仪表的使用能力、实验数据的处理和分析能力以及理论知识的运用能力,注重培养学生的思维能力和创新能力,使学生树立严肃认真、实事求是的科学态度。

本教材由宋红、史竞艳主编,另外要特别感谢赵秀琴、王金、隆琪、王刚等老师在教材编写过程中提出的宝贵意见。鉴于编者学识有限,书中难免存在错漏之处,恳请读者批评指正。

编　者

2019 年 4 月

目　录

基础部分

第1章　实验基础知识 ………………………………………………………… 3

1.1　化工原理实验的教学目的 ……………………………………………… 3

1.2　化工原理实验的基础要求 ……………………………………………… 3

1.3　化工原理实验的注意事项 ……………………………………………… 5

第2章　实验数据的测量及计算机数据处理 ……………………………… 7

2.1　实验数据的测量 ………………………………………………………… 7

2.1.1　实验数据的误差分析 ……………………………………………… 7

2.1.2　有效数字及其运算规则 …………………………………………… 9

2.1.3　实验数据的处理方法 ……………………………………………… 10

2.2　计算机数据处理 ………………………………………………………… 12

2.2.1　Excel在化工原理实验数据处理中的应用 ……………………… 12

2.2.2　Origin在化工原理实验数据处理中的应用 …………………… 23

2.2.3　MATLAB在化工原理实验数据处理中的应用 ………………… 30

第3章　化工实验参数测量技术 …………………………………………… 42

3.1　压力的测量 ……………………………………………………………… 42

3.1.1　液柱压差计 ………………………………………………………… 42

3.1.2　弹性压差计 ………………………………………………………… 44

3.1.3　电测压差计 ………………………………………………………… 45

3.2　流量的测量 ……………………………………………………………… 46

3.2.1　节流式流量计 ……………………………………………………… 46

3.2.2　转子流量计 ………………………………………………………… 49

3.2.3　涡轮流量计 ………………………………………………………… 50

3.3　温度的测量 ……………………………………………………………… 51

3.3.1　热电偶温度计 ……………………………………………………… 51

3.3.2　热电阻温度计 ……………………………………………………… 54

3.4　折光率的测量 …………………………………………………………… 56

实验部分

第4章　化工原理基础实验 …………………………………………………… 61

实验1　雷诺实验 …………………………………………………………… 61

实验2　伯努利实验 ………………………………………………………… 65

实验3　离心泵实验 ……………………………………………………………… 69

实验4　套管换热器液-液热交换实验 …………………………………………… 73

实验5　填料塔气体吸收实验 …………………………………………………… 79

实验6　填料塔连续精馏实验 …………………………………………………… 86

实验7　流化床固体干燥实验 …………………………………………………… 92

实验8　恒压过滤实验 …………………………………………………………… 97

实验9　液-液萃取实验 ………………………………………………………… 100

第5章　化工原理综合实验 ……………………………………………………… 105

实验1　流体综合实验 …………………………………………………………… 105

实验2　传热综合实验 …………………………………………………………… 113

实验3　连续精馏计算机数据采集和过程控制实验 …………………………… 119

实验4　连续搅拌釜式反应器液相反应动力学实验 …………………………… 125

附表 ……………………………………………………………………………… 131

参考文献 ………………………………………………………………………… 134

基础部分

第1章 实验基础知识

化工原理实验是化工原理课程教学的一个重要环节,不同于一般基础化学实验的是其具有工程学特点,属于工程实验范畴。每个实验项目就是化工生产中的一个单元操作,一个化工产品就是由一系列这样的单元操作通过一定的组合产生的,所以化工原理实验能使学生建立一定的工程观念;同时,在实验过程中,学生可以更直接、有效地学习到工程实验方面的原理及测试手段,学会工程问题的研究方法以及处理方法,为今后的工作实践打下坚实基础。

1.1 化工原理实验的教学目的

化工原理实验课程强调实践性和工程学观念,并将能力和素质培养贯穿于实验课的全过程。该课程的教学目的主要有以下几点:

第一,巩固和深化理论知识。

在学习化工原理课程的基础上,进一步加深对一些常见的典型化工单元操作过程、设备原理以及理论知识的理解和掌握。

第二,增强理论与实际的联系。

通过学习,能运用所学理论知识去解决实验中遇到的各种实际问题,能看懂装置流程,确定操作条件,会维护和使用常见设备,同时能利用实验中所获取的新知识更好地指导实践。

第三,培养学生从事科学实验的能力。

从事科学实验的能力主要包括:①为完成一定的研究课题设计实验方案的能力;②实验过程中观察和分析实验现象以及解决实验问题的能力;③正确选择和使用测量仪表的能力;④利用实验获得的原始数据进行数据处理以得到实验结果的能力;⑤运用文字表述技术报告的能力等。学生只有通过科学和严谨的实验训练,才能掌握各种科学实验技能,为将来从事科学研究和解决工程实际问题打下坚实基础。

第四,提高学生运用计算机技术对实验数据进行处理以获得实验结果的能力。

第五,培养学生科学的思维方法、严谨的科学态度和良好的科学作风,提高学生的科学素质水平。

第六,培养学生的创新意识和创新思维,通过在实验中的不断尝试和摸索,不断探求新的实验方法和思路。

1.2 化工原理实验的基础要求

化工原理实验是一门重要的技术学科,有其自身的特点和系统。为了切实加强实验教学环节,一般将化工原理实验课单独开设并进行单独考核。化工原理实验包括实验预习、实验操作、实验数据记录与处理、实验报告的撰写 4 个主要环节,对各个环节的具体要求如下。

（1）实验预习

实验前认真阅读实验教材及相关参考资料,对每个实验项目的要求和目的、实验原理、设备装置的结构和流程等方面做到心中有数,这样在实验过程中才会更有针对性和目的性,理解才会更加深入、透彻。实验预习情况主要以提问和学生自己讲解实验过程的方式来进行考核。

（2）实验操作

教师在实验过程中重点讲解实验设备的基本构造、实验流程及实验中的注意事项。学生应根据自己的预习情况和教师的讲解进行具体操作,包括设备启动前管路阀门的开、闭情况及仪表指示情况的确认,以确保实验操作能够稳定、安全进行。一旦出现异常情况应及时报告教师,切忌擅自处理,以免酿成严重后果。实验完毕,应关闭气源、水源、电源开关,然后切断总电源,并将各阀门恢复至原位。实验过程以分组形式进行,每组 3～4 人,做到既有分工又有合作,各负其责,这样既能保证实验质量,又能使每个学生都得到锻炼。

（3）实验数据记录与处理

①记录原始数据。

原始数据包括实验中的实验参数、设置以及直接测定的实验结果,这些都是可以直接获得而不需要经过计算处理得到的数据。在实验开始前首先应清楚要记录的数据,然后设计好实验表格,在表格中记录实验测定的数据以及计算所需的一些操作参数等。记录过程中,要注意仪表的精度,不得随意取舍仪表所测数据位数,记录数据时应读取全部有效数字。例如,滴定管的最小分度为 0.1 mL,记录测量数据时应保留小数点后两位小数,如 17.56 mL。记录数据的表格要设计合理、规范,记录清楚,严禁编造数据,并将此作为检验实验成败的一个重要依据。

②对原始数据进行数据处理。

数据处理的方法可以采用代入公式直接运算法,也可利用计算机软件进行数据处理。在运算过程中要注意单位换算问题。计算机软件处理数据简单快捷,但容易导致学生对公式本身印象不够深刻或遗忘,不利于知识点的掌握,所以用计算机软件进行数据处理时必须在实验报告中备注一组数据的手算处理过程。另外,计算过程中要注意有效数字的运算规则。

（4）实验报告的撰写

撰写实验报告是实验课程的一个重要环节,它可以反映学生对实验的掌握程度,了解学生实验中的薄弱环节。一份优秀的实验报告必须简洁明了、结构完整、数据真实、图表清晰、结论分析合理。报告的内容一般包括:

①实验名称。又称标题,列在实验报告的最前面。

②实验目的。简要交代为什么要进行该实验,实验要解决什么问题。

③实验原理。简要说明实验所依据的基本原理,包括实验所涉及的一些重要概念、定律和公式。

④实验装置。包括绘制设备流程示意图,标明主要设备、仪表的类型及规格。设备

的型号和规格往往可体现出实验结果的可靠性和精确性,所以实验中所用到的设备一定要标明型号和规格。

⑤实验方法。根据对实验的预习和具体实验情况简明扼要地将流程写出,可以采用文字叙述或流程图等方式,注意不应照搬书本,同时写出实验的注意事项。

⑥实验结果。记录原始数据,处理数据并分析得出实验结果。数据应采用表格形式记录,要清楚明了。原始数据是数据运算的依据,是判断实验结果正确性和准确性的重要参考,是决定实验成败的关键。处理实验数据时,选取一组实验数据写出详细计算过程,加深对公式的理解和掌握,同时也便于教师批阅时找出计算出错的原因。实验本身就是一个不断尝试和探索的过程,尤其是初次进行实验的学生,更有可能在实验中遇到各种问题,从而导致结果不够准确或不正确。因此,我们更应该学会分析实验结果,并能通过分析找到实验中的不足或错误,以提高实验完成的质量。

⑦思考题。完成实验后,提出问题,加深印象。

(5)实验考核

化工原理实验的考核总成绩由平时成绩(包括平时的实验预习、实验操作、回答提问、实验报告情况)和期末考核成绩组成。

1.3 化工原理实验的注意事项

为安全、成功地完成实验,除每个实验有其特殊要求外,还需特别强调几点常规的注意事项和安全知识。

(1)注意事项

①仪器仪表使用前必须注意的事项。

a.了解仪器仪表的工作原理与结构。

b.掌握正确的连接方法与操作方法。

c.掌握正确的读数方法。

②设备启动前必须检查的事项。

a.设备运转是否正常,如对泵、风机、电机等设备,启动前需用手使其转动并从声响上判别有无异常,是否需要涂润滑油。

b.设备上各阀门的开、关状态。

c.接入设备的仪表的开、关状态。

③操作过程中的注意事项。

a.严禁离岗脱岗,应认真操作,确保实验稳定进行。

b.操作过程中设备或仪表出现问题时,应立即按要求停止,并汇报给指导教师,严禁未经许可擅自处理。

④实验结束时必须注意的事项。

检查水源、电源、气源是否关好,总电闸是否拉下,实验完毕经指导教师许可后方可离开实验室。

(2)安全知识

①化学药品和气体。

尽管化工原理实验中接触的化学药品不多，但使用之前仍需对药品的毒性、易燃易爆性有一定了解，确保安全使用。

使用有毒或易燃易爆气体时，要确保操作系统严密不漏气，尾气处理得当，并注意室内通风。

②高压钢瓶。

高压钢瓶主要是用来贮存各种压缩气体或液化气的高压容器，一般容积为 40 L～60 L，最高工作压力为 15 MPa，最低压力也在 0.6 MPa 以上。瓶内压力很高，并且贮存的气体有些是有毒或易燃易爆气体，故使用前一定要掌握其结构特点和安全知识，确保使用安全。

钢瓶主要由筒体和瓶阀构成，配套的附件还包括保护瓶阀的安全帽、开启瓶阀的手轮、避免运输中震动的橡胶圈。另外，在使用时瓶阀出口还要连接减压阀和差压计。

在使用钢瓶时，需注意以下几点：

a. 在使用和保存钢瓶时，应远离热源（如明火、暖气、炉子等），以防钢瓶内气体受热膨胀而发生爆炸危险。

b. 运输过程中，钢瓶要轻搬轻放，使用时要固定牢靠，避免猛烈撞击而引起爆炸。

c. 使用钢瓶时，必须用专用的减压阀和差压计，尤其是氢气和氧气不能互换。为防止氢气和氧气两类气体的减压阀混用造成事故，表盘上都注明有"氢气表"或"氧气表"的字样。氢气及其他可燃气体瓶阀和连接减压阀的连接管为左旋螺纹，而氧气等不可燃气体瓶阀和连接减压阀的连接管为右旋螺纹。

d. 开关氧气瓶时，严禁用带油污的手和扳手。因为高压时氧气与油脂相遇会引起燃烧，以致爆炸。

e. 瓶阀的开关方向一定要清楚，旋转方向错误或用力过猛会导致螺纹受损，瓶内气体可能冲脱而出，造成重大事故。

f. 每次使用钢瓶前，都要在瓶阀附近用肥皂水检查是否漏气。对于贮存有毒或易燃易爆气体的钢瓶，最好单独放置在远离实验室的房间中。

g. 钢瓶中气体不要全部用净。剩余压力一般应大于 0.1 MPa，供检查使用。

h. 钢瓶必须严格定期检查。

③电器设备。

电器设备也是化工原理实验中用到较多的设备，而且有些设备的电负荷较大，因此，安全用电尤为重要。

在使用电器设备时，应注意以下几点：

a. 接通电源之前，必须认真检查电器设备连接是否符合规定要求。

b. 严禁用湿手接触电闸、开关和任何电器设备。

c. 合闸动作要快和牢，发现异常声音或气味时应立即拉闸进行检查。

d. 必须按照规定的电流限额用电。

e. 离开实验室时，必须将实验室的总电闸拉下。

第 2 章 实验数据的测量及计算机数据处理

2.1 实验数据的测量

2.1.1 实验数据的误差分析

进行化工原理实验的重要目的之一就是获得大批实验数据,但在实验过程中,实验仪器、测量方法、人为操作以及周围环境的影响都可能使实验的测量值和真实值之间存在一定的差异,即测量误差。只有学会分析误差、认清误差产生的原因,才能设法减小误差,提高实验数据的精确性,这在评判实验结果和设计实验方案方面具有重要意义。本节将对化工原理实验中遇到的一些误差的基本概念与评价方法作一扼要介绍。

（1）误差的来源及分类

误差是实验测量值与真值之间的差别,根据性质和来源不同,误差可分为三类：

①系统误差。

系统误差又称可测误差,是由测量过程中某些固定因素引起的,如方法误差、仪器和试剂误差、实验者本身的一些主观因素造成的误差等。系统误差在重复测定时会重复出现,它的正负、大小有一定规律,具有单向性、重复性以及可测性的特点,经过精确的校正可以消除。

②随机误差。

随机误差又称偶然误差,是由一些随机的、偶然的原因造成的,如测量时环境温度、湿度和气压的微小波动,仪器性能的微小变化,实验人员操作上的微小差别等,都有可能引起随机误差。由于造成随机误差的是一些不确定的偶然因素,随机误差的数值大小和符号是不确定的,而且无法消除,但总体上服从统计规律。在一定条件下,对同一变量进行测定,随机误差的算术平均值随测量次数增多而趋于零。

③过失误差。

过失误差主要是由操作不正确、工作上粗心大意所造成的,如器皿未洗净、加错试剂、读错刻度或记录错误等。这类数据往往与真实值差别较大,应在整理数据时予以剔除。

（2）实验数据的真值与平均值

①真值。

真值是某一物理量本身具有的客观存在的真实数值。真值是一个理想的概念,一般无法得知。但对某一物理量经过无数次测定,根据随机误差中正负误差出现概率相等的规律,测定结果的平均值相当接近于这一物理量,可视其为真值。然而实际上,由于测量次数总是有限的,由此得出的平均值只能近似于真值,此平均值称为最佳值。

②平均值。

化工原理实验中常用的平均值主要有以下几种：

a. 算术平均值（x_m）。

$$x_m = \frac{x_1 + x_2 + \cdots + x_n}{n} = \frac{1}{n}\sum_{i=1}^{n} x_i \tag{2-1}$$

式中，$x_1, x_2, \cdots, x_n$ 分别是第 $1, 2, \cdots, n$ 次测量所对应的实验结果，x_i 为第 i 次测量的实验结果。

算术平均值是最常用的一种平均值，因为测定值的误差分析一般服从正态分布，可以证明算术平均值即为一组等精度测量的最佳值或最可信赖值。

b. 几何平均值（x_g）。

$$x_g = \sqrt[n]{x_1 x_2 \cdots x_n} \tag{2-2}$$

几何平均值适用于对比率数据的平均，并主要用于计算数据的平均增长率。值得注意的是，几何平均值是相对于正数而言的，或者说只有正数才有几何平均值。

c. 对数平均值（x_1）。

$$x_1 = \frac{x_1 - x_2}{\ln \frac{x_1}{x_2}} \tag{2-3}$$

在化工原理实验中，对数平均值也是较常采用的一种平均值表示方式，多用于传热和传质过程中。当 $\frac{x_1}{x_2} < 2$（x_1 为两者中较大数值）时，可用算术平均值代替对数平均值，引起的误差不超过 4.4%。

（3）实验数据的精密度、正确度和精确度

测量的质量和水平，可用误差的概念来描述，也可用精确度等概念来描述。

①精密度。

用来衡量某些物理量几次测量之间的一致性，即重复性，它可反映偶然误差的影响程度。

②正确度。

指在规定条件下，测量中所有系统误差的综合，它可反映系统误差的影响程度。

③精确度。

指测量结果与真值偏离的程度，它可反映系统误差和随机误差综合的影响程度。

为说明精密度、正确度和精确度之间的区别，可用打靶来做比喻，靶心为真值，命中点为测量结果。如果命中点比较均匀地分散在整个靶上[图 2-1（a）]，说明系统误差小而偶然误差大，即正确度高而精密度低；如果命中点主要分布在靶上的某个方位，而且比较密集[图 2-1（b）]，说明系统误差大而偶然误差小，即正确度低而精密度高；如果命中点基

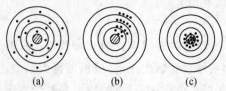

(a)　　　　(b)　　　　(c)

图 2-1　关于测量的精密度、正确度、精确度的示意图

本都集中在靶心附近,而且比较密集和均匀[图 2-1(c)],说明系统误差和偶然误差都小,即精确度高。

(4)误差的表示方法

①绝对误差 E。

测量值 x 和真值 x_T 之差为绝对误差,通常称为误差,记为:

$$E = x - x_T \tag{2-4}$$

②相对误差 RE。

绝对误差不能完全说明测定的精确性,因为它没有与被测物理量的总量联系起来。如称量的绝对误差同样是 0.000 1 g,被称量物质的质量分别为 1 g 和 0.01 g,其精确度显然是前者高。为了衡量某一测量值的精确程度,一般以绝对误差与真值的比值即相对误差来表示,记为:

$$RE = \frac{x - x_T}{x_T} \tag{2-5}$$

③平均偏差 $\bar{d}$。

平均偏差是一系列测量值的偏差绝对值之和的算术平均值,是表示一系列测定值误差的较好方法,记为:

$$\bar{x} = \frac{\sum x_i}{n}, \quad \bar{d} = \frac{\sum |x_i - \bar{x}|}{n} = \frac{\sum |d_i|}{n} \tag{2-6}$$

式中,d_i 为单次测定值的绝对偏差;$\bar{x}$ 为 n 次测量的算术平均值;$\bar{d}$ 为平均偏差。

④标准偏差 S。

标准偏差亦称为均方根偏差。对于有限次测量,标准偏差表示为:

$$S = \sqrt{\frac{\sum (x_i - \bar{x})^2}{n - 1}} \tag{2-7}$$

标准偏差是目前最常用的一种反映测量精确度的方法,它不但与一系列测量值中的每一个数据有关,而且对其中较大的误差或较小的误差的敏感性很强,能较好地反映实验数据的精确度。实验测量越精确,其标准偏差越小。

2.1.2 有效数字及其运算规则

(1)有效数字的定义

在科学实验中,对于任一物理量的测定,其准确度都有一定限度。在记录数据时,不能对所测的数据进行随意的删减,要记录有效数字。有效数字就是实际能测量到的数字,有效数字一般包括准确读数和一位估读数字(可疑数字)。例如,读取滴定管上的刻度为 23.43 mL,前三位为准确读数,第四位数字为估读数字,但它不是臆造的,所以记录时必须保留,这四位数字均为有效数字。

(2)有效数字的表达及运算规则

①记录一个测定值时,只保留一位可疑数字。

②整理数据和运算中弃取多余数字时,采用"数字修约规则":四舍六入五考虑,五后非零则进一;五后皆零视奇偶,确保弃五尾是偶。

例:28.635 取三位有效数字时为 28.6,取四位时为 28.64。

③加减法则:以小数点后位数最少的数据的位数为准,即取决于绝对误差最大的数据位数。

例:将 13.55,0.008 2,1.632 三数相加,处理方法是:13.55+0.01+1.63=15.19。

④乘除法则:以有效数字位数最少的数据的位数为准,即取决于相对误差最大的数据位数。

例:将 0.012 1,25.64,1.057 8 三数相乘,处理方法是:0.012 1×25.6×1.06 = 0.328。

⑤对数:对数的有效数字只计小数点后的数字,即有效数字位数与真数位数一致。

⑥常数:常数的有效数字可取无限多位。

⑦某一数据中第一位有效数字等于或大于 8 时,其有效数字位数可多算一位。

⑧在计算过程中,有效数字位数可暂时多保留一位,以免多次修约造成误差的累积,最后再将计算结果按要求修约。

2.1.3　实验数据的处理方法

对实验所获得的数据进行处理是实验过程的一个重要环节。对实验数据的分析、整理、计算的目的在于获得变量之间的关系、变化规律,从而更好地指导实践。

数据处理的方法主要有以下几种:

(1)列表法

列表法即记录数据时,将数据制成表格。这种方法简单、清晰,各物理量的变化规律可清楚看出,在化工原理实验中常常采用这种方法。在设计表格时要求:

①表格设计合理。

②标题栏中要写明各物理量的符号和单位。

③表中所列数据要正确反映测量结果的有效数字。

④一些已知的实验条件或查得的单项数据要写在表格的上部,见表 2-1。

表 2-1　套管换热器液-液热交换实验数据

[热流体 $c_{p(热)}=$ _____ kJ/(kg・℃),密度 $\rho=$ _____ kg/m³,黏度 $\mu=$ _____ Pa・s]

$q_{V(热)}$(L/h)				
T_1(℃)				
T_2(℃)				
T_{w1}(℃)				
T_{w2}(℃)				
t_1(℃)				
t_2(℃)				
$q_{m(热)}$(kg/s)				
Q(J/s)				
$\Delta t_{m(逆)}$(℃)				
ΔT_m(℃)				
K[W/(m²・K)]				
$\alpha_{(热)}$[W/(m²・K)]				

（2）图示法

图示法即将实验数据之间的关系或其变化情况用作图的方式表示出来,可采用坐标纸或者电脑软件绘图。图示法直观、明显。采用坐标纸作图时的一般步骤如下:

①选用合适的坐标纸。

在化工原理实验中,常用到直角坐标、双对数坐标和半对数坐标,市场上都有相应的坐标纸出售。

坐标纸可根据对实验数据的变化或已有的经验来预测和选择。由于直线关系作图最容易,而且误差小,所以在绘制曲线时尽量使数据的函数关系接近直线关系。

a.对于直线关系:$y=a+bx$,选用直角坐标纸。

b.对于幂函数关系:$y=ax^b$,选用对数坐标纸,因为 $\lg y=\lg a+b\lg x$,在对数坐标纸中 $\lg y$ 与 $\lg x$ 的函数关系为直线关系。

c.对于指数函数关系:$y=a^{bx}$,选用半对数坐标纸,因为 $\lg y$ 与 x 的函数关系为直线关系。

此外,若两组作图的数据在较大的数量级内变化,一般选用双对数坐标纸;若只有一组实验数据在较大数量级内变化,一般选用半对数坐标纸,如在流体综合实验中,测得粗糙管中的摩擦系数 λ 和 Re 的一组对应数据见表 2-2。

表 2-2　λ 和 Re 的测定值

Re	35 635	28 508	21 381	14 254	7 127	3 207	2 494	1 782	356
λ	0.022 49	0.023 31	0.025 02	0.028 92	0.036 77	0.040 4	0.042 89	0.036 03	0.120 09

由表中数据可看出,λ 和 Re 数值变化都较大,所以选用双对数坐标纸比较合适。

②坐标轴的比例与标度。

a.用实线描出坐标轴,横轴代表自变量,纵轴代表因变量,注明物理量名称及单位。

b.原则上,坐标中的最小格应对应测量值可靠数字的最后一位,但也可根据实际情况选择这一位的"1""2"或"5"倍。

c.坐标轴的起点不一定从零开始。

在此,要特别注意双对数坐标的特点:某点与原点的距离为该点表示量的对数值,但是该点标出的量是其本身的数值,例如,对数坐标上标着 6 的一点至原点的距离是 $\lg 6=0.78$,如图 2-2 所示。图中上面一条线为 x 的对数刻度,而下面一条线为 $\lg x$ 的线性刻度。

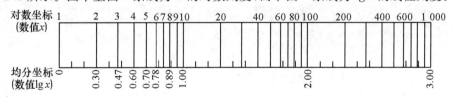

图 2-2　对数坐标与均分坐标的关系

③标实验点。

选用不同的符号,如"＋""×""◇"等标出实验点,测量数据要落在标记符号的中心,大小适中。一条实验曲线要用同一种符号,多条曲线要用不同符号,以示区分。

④连图线。

作图时要使尽可能多的数据点落在线上,不能落在线上的数据点要尽量分居线的两侧,然后将实验点连成直线或光滑曲线,连线要细而清晰。

（3）数学模型法

数学模型法即采用适当的数学方法,最常用的是借助于最小二乘法将实验数据进行统计处理,得出最大限度地符合实验数据的拟合方程式,并判断拟合方程的有效性。（注:对于该部分内容,读者可参阅相关书籍）

2.2 计算机数据处理

化工原理实验的一个显著特点就是数据多,计算和作图繁琐,一个实验所获得的数据往往需要很长时间才能处理完成,而且出错率又比较高。针对这些情况,采用电脑软件来处理数据更方便、准确和快速,还可减少实验误差。更重要的是,对于大学生来说,掌握熟练的计算机作图技巧,在以后的学习和工作中都会起到事半功倍的效果。本小节以 Excel 2003、Origin 7.5、MATLAB 7.6.0 为基础,简要介绍三者在化工原理实验数据处理中的应用;分别以处理离心泵实验数据为例,根据给出的原始数据（见表 2-3）及计算公式算出待求的物理量,并在同一张图中绘制 H-q_V,P-q_V,ηq_V 三条特性曲线。

表 2-3 离心泵实验结果记录表

序号	1	2	3	4	5	6
R(m)	0.000	0.125	0.240	0.355	0.470	0.585
U(V)	220	220	220	220	220	220
I(A)	0.44	0.49	0.50	0.51	0.52	0.55
$p_M \times 10^{-6}$(Pa)	0.074	0.053	0.046	0.039	0.031	0.022
$p_V \times 10^{-6}$(Pa)	0.000	0.005	0.009	0.013	0.018	0.021
q_V(m³/s)						
H(m)						
P_e(W)						
P(W)						
η						

计算公式：
$$q_V = C_0 A_0 \sqrt{2gR} = 0.67 \times 0.785 \times 0.014^2 \times \sqrt{2 \times 10 \times R} \qquad (2\text{-}8)$$

$$H = h_0 + \frac{p_M + p_V}{\rho g} = 0.05 + \frac{p_M + p_V}{1\,000 \times 10} \qquad (2\text{-}9)$$

$$P_e = q_V H \rho g = q_V H \times 1\,000 \times 10 \qquad (2\text{-}10)$$

$$P = UI \qquad (2\text{-}11)$$

$$\eta = \frac{P_e}{P} \times 100\% \qquad (2\text{-}12)$$

2.2.1 Excel 在化工原理实验数据处理中的应用

Excel 是 Microsoft 公司推出的办公软件 Office 中的一个重要组成成员,也是目前最流行和常用的电子表格处理软件之一,其功能强大,具有强大的数据运算、数据分析及绘图等功能,因此 Excel 在化工数据处理方面可提供很大便利。而且对于大学生来说,Excel 具有简单易学、操作简便等优点,故在此对 Excel 在化工实验数据处理及绘图等方面的应用作简要介绍。

(1)Excel 的工作界面

启动 Excel 工作表,从计算机桌面的左下方单击"开始"→"所有程序"→"Microsoft Office"→"Microsoft Office Excel 2003"菜单命令,即可启动 Excel 应用程序。其工作界面如图 2-3 所示。

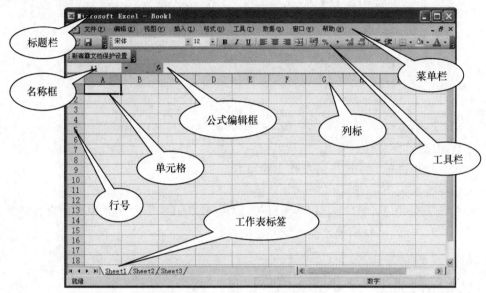

图 2-3　Excel 的工作界面

Excel 的工作界面与 Word 的工作界面有着类似的标题栏、菜单栏、工具栏,也有自己独特的功能界面,如名称框、工作表标签、公式编辑框、行号、列标等。

①单元格。

单元格是 Excel 中最小的存储单元。输入的数据就保存在这些单元格中,这些数据可以是字符串、数字、公式等不同类型的内容。

②列标和行号。

列标用字母表示,最多可达 256 列;行号用数字表示,最多可达 65 536 行。每个单元格的位置可用"列标＋行号"来表示,如 B2 表示第 B 列第 2 行的单元格。

③名称框和公式编辑框。

名称框用来对 Excel 电子表格中的单元格进行名称的显示或重命名。利用名称框,用户可快速定位到相应的名称区域。公式编辑框是用来输入和显示公式或函数的区域。

④工作表。

工作表由单元格组成,一张工作表由 $256 \times 65\ 536$ 个单元格组成。Excel 中默认新建的工作簿包含 3 个工作表,工作表的标签名为 Sheet1、Sheet2、Sheet3。

⑤工作簿。

工作簿是处理和存储数据的文件。标题栏上显示的是当前工作簿的名字,其默认名称为"Book1"。每个工作簿默认包含 3 张工作表,可根据需要增加或删减工作表的数目。

(2)Excel 处理数据的基础知识

①数据输入(图 2-4)。

方法一:单击要输入数据的单元格,利用键盘输入相应的内容。

方法二:通过复制、粘贴直接将数据导入。

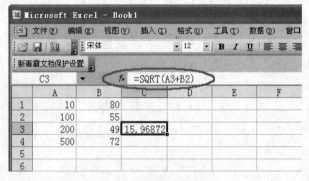

图 2-4　数据输入

②数据运算(图 2-5)。

在单元格中进行数据运算的操作步骤如下:

a.选择要输入公式的单元格。

b.在输入公式或计算式之前,必须以等号"＝"作为开头。在公式中可包含各种算术运算符、常量、变量、函数和单元格地址等。例如:

＝55 * 45　　　　　　　常量运算

＝A2 * 300－200　　　　应用单元格地址运算

＝SQRT(A3＋B2)　　　　应用函数运算

c.输入完毕后,按回车键或单击编辑栏上的"确认"键即可得到结果,如在 C3 单元格中用步骤 b 中的第三个公式对步骤 a 中的数据进行计算,结果如图 2-5 所示。

图 2-5　数据运算

③函数的使用。

在进行数据运算时,若是简单的计算公式往往可直接由键盘输入,但对于一些特殊的运算符号,则必须用到 Excel 函数。Excel 函数其实是一些预定义的公式,可使用特定数值的参数按特定的顺序或结构进行计算,如上例中的 SQRT()。括号表示参数开始和结束的位置,使用时应预先指定参数。参数可以是数字、文本、逻辑值、数组或者引用地址,给定的参数必须能产生有效的值。在 Excel 中使用函数的具体方法如下:

a. 输入函数。对于函数的输入可采用多种方式，如下所示。

方法一: 手动输入函数，方法与在单元格中输入公式的方式一样，先在输入框中输入一个等号"＝"，再输入函数本身，如输入下列函数:

＝SQRT(B1)　　　　　将单元格 B1 中的数字开平方

＝SUM(A1:A4)　　　　将单元格 A1 到 A4 中的数字求和

方法二: 使用"粘贴函数"按钮输入函数，方法为单击工具栏上的 f_x (粘贴函数)按钮，弹出"插入函数"对话框，如图 2-6 所示。

图 2-6　"插入函数"对话框

b. 选择函数。在对话框中单击"或选择类别"的下拉菜单，选择要输入的函数类别，不确定函数类别时可直接选择"全部"进行函数选择。例如，选择求自然对数的函数 LN，选择后，单击"确认"按钮，弹出如图 2-7 所示对话框。

图 2-7　设定函数参数

c. 选择参数。在对话框中，输入要求的参数，可以是常量或者公式，这些公式本身又可以包含其他函数。如果一个函数的参数本身也是一个函数，则称为嵌套。如选择参数是常量 B3，单击"确定"按钮，则结果即会给出，如图 2-8 所示。

④常数函数。

Excel 中提供了大量能完成许多不同计算类型的函数，下面主要介绍化工原理实验数据处理时常用的几个函数。

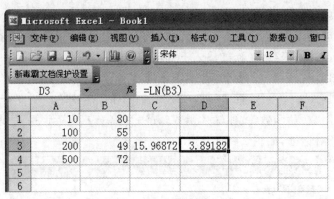

图 2-8　计算结果显示

a. POWER。

功能：计算给定数字的乘幂结果。

用法：POWER(number,power)。number 是底数，可以为任意实数；power 是指数。如计算 5 的 3 次方，可表示为：＝POWER(5,3)，对于该函数，也可用"＾"运算符直接代替，表示为：＝5＾3。

b. LN。

功能：计算一个数的自然对数。

用法：LN(number)。number 是用于计算其自然对数的正实数。如计算 5 的自然对数，表示为：＝LN(5)。

c. LOG10。

功能：计算以 10 为底的某个数值的对数。

用法：LOG10(number)。number 是用于对数计算的正实数。如计算以 10 为底，5 的对数，表示为：＝LOG10(5)。

d. SQRT。

功能：计算某个数的平方根。

用法：SQRT(number)。number 指要计算平方根的数。如计算 26 的平方根，表示为：＝SQRT(26)。

e. ABS。

功能：对一个数值进行绝对值运算。

用法：ABS(number)。number 是要计算其绝对值的实数。如计算－2 的绝对值，可表示为：＝ABS(－2)。

f. AVERAGE。

功能：计算参数的平均值。

用法：AVERAGE(number1，number2…)。number1,number2…为需要计算平均值的参数。

g. TRUNC。

功能：将数字截为整数，或者保留指定位数的小数。

用法：TRUNC(number,num_digits)。number 指需要截尾的数字；num_digits 用于指定取整精度的数字，其默认值为 0。

（3）Excel 处理实验数据的过程

以化工原理实验中的离心泵实验数据为例。

①将表 2-3 中离心泵实验数据通过复制、粘贴或者直接输入的方式导入到一张空白 Excel 表格中。

②在单元格 B7 处输入公式 $q_V = 0.67 \times 0.785 \times 0.014^2 \times \sqrt{2 \times 10 \times R}$ 进行计算，如图 2-9 所示。

Microsoft Excel - Book2

文件(F) 编辑(E) 视图(V) 插入(I) 格式(O) 工具(T) 数据(D) 窗口(W) 帮助(H)

Times New Roman ▾ 10.5 ▾ **B** *I* U

新毒霸文档保护设置

B7 ▾ f_x =0.67*0.785*0.014^2*SQRT(2*10*B2)

	A	B	C	D	E	F	G	H
1	流量依次增大	1	2	3	4	5	6	
2	R/m	0	0.125	0.24	0.355	0.47	0.585	
3	U/V	220	220	220	220	220	220	
4	I/A	0.44	0.49	0.5	0.51	0.52	0.55	
5	$p_M \times 10^{-6}/Pa$	0.074	0.053	0.046	0.039	0.031	0.022	
6	$p_V \times 10^{-6}/Pa$	0	0.005	0.009	0.013	0.018	0.021	
7	$q_V/m^3 \ s^{-1}$	0						
8	H/m							
9	Pe/W							
10	P/W							
11	η							
12								

公式显示

图 2-9　对单元格 B7 进行运算

③由于 B7 到 G7 的计算公式均相同，只需将单元格 B7 右下角处的"＋"拖动至单元格 G7 处后松开，整行的计算结果即可给出。

④采用与步骤③相同的方式，分别根据公式（2-9）～（2-12）计算出 H、P_e、P、η，计算结果如图 2-10 所示。

Microsoft Excel - Book2

文件(F) 编辑(E) 视图(V) 插入(I) 格式(O) 工具(T) 数据(D) 窗口(W) 帮助(H)

宋体 ▾ 12 ▾ **B** *I* U

新毒霸文档保护设置

J8 ▾ f_x

	A	B	C	D	E	F	G	H
1	流量依次增大	1	2	3	4	5	6	
2	R/m	0	0.125	0.24	0.355	0.47	0.585	
3	U/V	220	220	220	220	220	220	
4	I/A	0.44	0.49	0.5	0.51	0.52	0.55	
5	$p_M \times 10^{-6}/Pa$	0.074	0.053	0.046	0.039	0.031	0.022	
6	$p_V \times 10^{-6}/Pa$	0	0.005	0.009	0.013	0.018	0.021	
7	$q_V/m^3 \ s^{-1}$	0	0.000163	0.0002259	0.0002747	0.0003161	0.0003526	
8	H/m	7.45	5.85	5.55	5.25	4.95	4.35	
9	Pe/W	0	9.5351252	12.534705	14.420789	15.644787	15.338494	
10	P/W	96.8	107.8	110	112.2	114.4	121	
11	η	0	0.088452	0.1139519	0.1285275	0.1367551	0.1267644	
12								

图 2-10　根据公式对各行计算的结果显示

(4)Excel 的作图过程

Excel 不仅可以对表格数据进行运算和处理,还可以依据表格提供的数据绘制出相应的图表,运用 Excel 可制作生成 14 种类型的图表。下面仍以上述所获得的离心泵实验数据介绍 Excel 的作图过程。

①作单条数据线：$H\text{-}q_V$ 曲线。

a. 选取要生成图表的数据区。

b. 单击菜单栏中"插入"→"图表"命令,或直接点击工具栏上的图表向导按钮,弹出"图表类型"对话框,如图 2-11 所示。

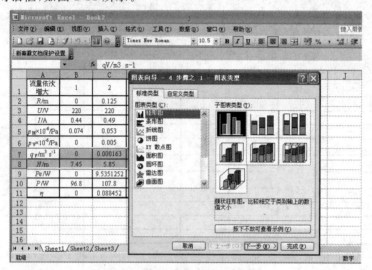

图 2-11　图表向导之步骤一

对话框中列出了 Excel 提供的 14 种标准类型,从中可选择需要的图表类型。本例选择"XY 散点图",单击"下一步"按钮。

c. 弹出"图表源数据"对话框(图 2-12),可根据需要选择"系列产生在行或列",本例选择产生于"行",单击"下一步"按钮。

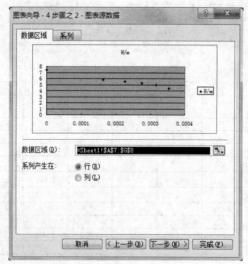

图 2-12　图表向导之步骤二

d. 弹出"图表选项"对话框,在该对话框中有 5 个选择卡,可根据生成图表的需要进行设置,如图 2-13 所示。本例将"图表标题"命名为"H-q_V曲线";在"数值(X)轴"中输入"$q_V/(\mathrm{m}^3 \cdot \mathrm{s}^{-1})$";在"数值(Y)轴"中输入"$H/\mathrm{m}$";剩余两项暂不输入,单击"下一步"按钮。

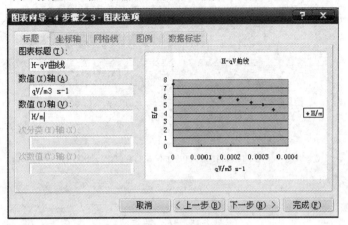

图 2-13　图表向导之步骤三

e. 弹出"图表位置"对话框(图 2-14),在默认状态下,程序会将生成的图表嵌入当前工作表单中。如果希望图表与工作区分开,可选新工作表项,在图表位置输入新表单的名称。本例保持默认状态。

图 2-14　图表向导之步骤四

f. 如果上述某步骤发生错误,可按"上一步"按钮返回重新选择;若无错误,单击"完成"按钮,就生成了如图 2-15 所示的散点图。

g. 在绘图区的数据点上单击鼠标右键,然后在弹出窗口中点击"添加趋势线",出现如图 2-16 所示对话框。

h. 选择相应的"趋势预测/回归分析类型"。

若为线性关系,可直接选择"类型"中的"线性",如图 2-16(a)所示,并在"选项"选项卡中选择"显示公式"和"显示 R 平方值",如图 2-16(b)所示,然后单击"确定"按钮,则线性方程即会自动显示在图中。

若为非线性关系,则可根据数据点特征选择拟合类型。本例选择"多项式","阶数"为"2",单击"确定"按钮,即可得出实验 H-q_V拟合曲线图,如图 2-17 所示。

i. 可根据需要对图表进行润色和修改,如更改图表类型、更改图表元素(包括图表标题、坐标轴、网格线、图例、数据标志等)、调整图表大小、动态更新图表中的数据等方面。修改的方法有多种,限于篇幅要求,不做详细介绍。初学者可以掌握一个基本原则:想要修改图中何处就双击图表中的相应位置,即可在弹出的对话框中根据需要进行相应的修改。

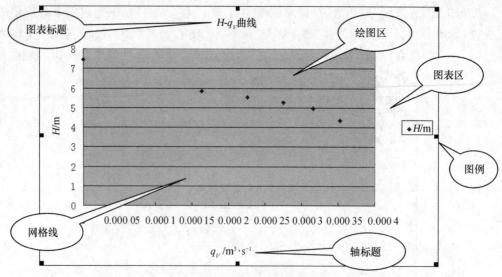

图 2-15　H-q_V 散点图

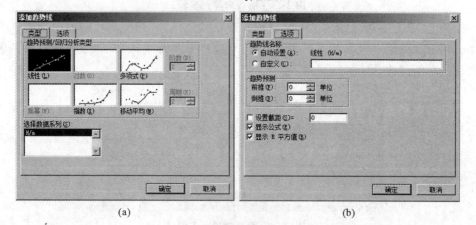

(a)　　　　　　　　　　　　(b)

图 2-16　"添加趋势线"对话框

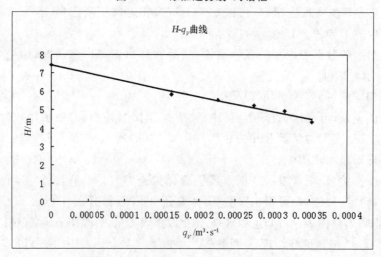

图 2-17　H-q_V 曲线

②作多条曲线:在 H-q_V 曲线基础上,增加 P-q_V 和 η-q_V 曲线。

在一张坐标图中作一条曲线是最简单、最基本的作图要求。但在有些情况下,需要在同一张坐标图中作出 2 条或 3 条曲线,横轴相同,但纵轴含义不同或者纵轴的范围相差较大,需要将纵轴分别表示出来。例如,离心泵实验要求泵的 3 条特性曲线在同一个图中表示。实现 Excel 绘制多条曲线的方法很多,下面仅介绍两种常见的方法。

方法一:在已有曲线的图中,使用复制和粘贴键或者直接选中数据拖动至图中,具体做法如下。

a. 在工作表中选中要增加的数据区,点击鼠标右键,选择"复制"子菜单,然后将鼠标移至图表区,点击右键选择"粘贴"子菜单,即完成了添加数据的过程。例如,选中"P/kW"一栏数据区,点击右键选择"复制"子菜单,拖动至图表区,点击右键选择"粘贴"子菜单,即增加了"P-q_V"实验数据散点图。再按照与 H-q_V 曲线相同的处理方式,对"P-q_V"实验数据点添加趋势线,结果如图 2-18 所示。

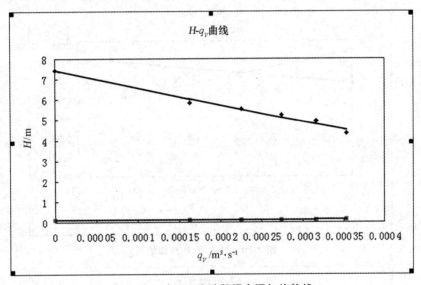

图 2-18　对 P-q_V 实验数据点添加趋势线

b. 修改图表。从图 2-18 可看出,由于 P 相对于 H 的数值来说较小,导致点都集中在图的下方,而且 H 和 P 共有一条纵轴,看起来不够清楚和美观,这时可以选择将 P 纵轴用次坐标轴来表示,做法是:在图中 P 数据点上点击右键,选择"数据系列格式"子菜单,弹出图 2-19 所示的对话框,选择"系列绘制在""次坐标轴"上,最后点击"确定"按钮,结果如图 2-20 所示。

c. 按照与步骤 a、b 相同的处理方式,可增加第三条曲线(η-q_V 曲线)于图中。通过对图表的润色和修饰,其最终结果如图 2-21 所示。

方法二:在绘制曲线时,直接选中工作表中需要作图的数据区,如选中图 2-10 中的"q_V/m³·s⁻¹"、"H/m"、"P/W"和 η 共 4 行,然后采用图表向导按钮作出三条线的散点图,再分别"添加趋势线",并采用次坐标轴的方式将数量级相近的两个纵轴表示在一条纵轴上,即可完成绘制多条曲线的操作。

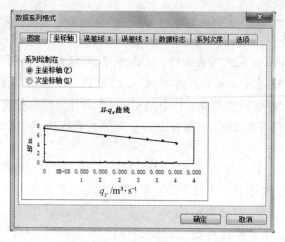

图 2-19 "数据系列格式"对话框

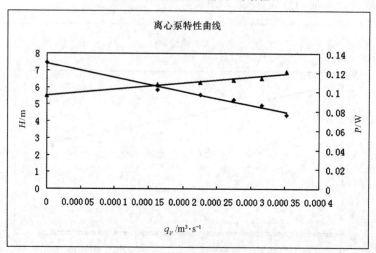

图 2-20 H-q_V 和 P-q_V 曲线

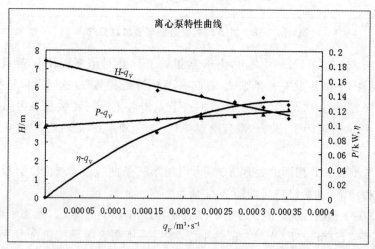

图 2-21 离心泵三条特性曲线示意图

2.2.2 Origin 在化工原理实验数据处理中的应用

Origin 也是作图和处理数据较常采用的软件之一。相对 Excel 来说,Origin 在处理数学数据和作图方面更加专业和简便。Origin 系列软件是由美国 OriginLab 公司推出的数据分析和制图软件,是公认的简单易学、操作灵活、功能强大的软件,既可以满足一般的制图需要,又可以满足数据分析、函数拟合的需要。下面主要以 OriginPro 7.5 为例简要介绍其在数据处理及作图方面的应用。

(1)Origin 的工作界面

Origin 的工作界面(图 2-22)由标题栏、菜单栏、工具栏、绘图工具栏、数据表区等部分组成。利用菜单栏可以进行文件操作、定制绘图与数据分析的环境、选择绘图类型和绘图命令、编辑、定制页和层以及图形的格式等操作。

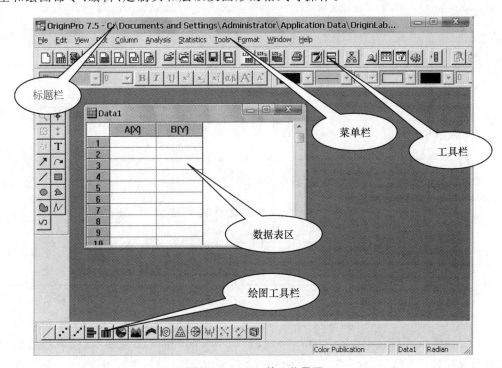

图 2-22 Origin 的工作界面

(2)Origin 处理数据的基础知识

①数据输入。

Origin 支持数字、文字、时间和日期等类型的数据,提供了多种向 Worksheet 中输入数据的方式。主要的方式有:通过键盘直接输入;以 ACSⅡ 的形式调用数据文件或文本文件;把 Excel 打开作为 Origin 的 Worksheet。

②数据选择及运算。

对某列进行操作时,可直接点击该列的名称处即可选中整列,也可通过拖动光标来选中。选中后,点击鼠标右键,在弹出的对话框中选择"Set Column Values"(设置列的数值)对该列进行运算。后文中将有详细实例讲解。

③图形绘制。

选中数据表中需要作图的两列,点击菜单栏中的"Plot",选择"Scatter"子菜单,或者直接点击绘图命令按钮 ⟋,将实验数据绘制成离散的点,再通过 Origin 利用最小二乘法将实验数据回归成一条光滑曲线。"Analysis"菜单中提供了多种拟合的模型函数(见表 2-4),可根据实际情况对曲线进行拟合。

表 2-4　曲线拟合的模型函数

名称	含义	拟合模型函数
Fit Linear	线性拟合	$y=A+Bx$
Fit Ploynomial	多项式拟合	$y=A+B_1 x+B_2 x^2$
Fit Exponential Decay	指数衰减拟合	一级: $y=y_0+A_1 e^{-x/t_1}$ 二级: $y=y_0+A_1 e^{-x/t_1}+A_2 e^{-x/t_2}$ 三级: $y=y_0+A_1 e^{-x/t_1}+A_2 e^{-x/t_2}+A_3 e^{-x/t_3}$
Fit Exponential Growth	指数增长拟合	$y=y_0+A e^{x/t}$
Fit Sigmoidal	S 曲线拟合	$y=\dfrac{A_1-A_2}{1+e^{(x-x_0)/dx}}+A_2$
Fit Gaussion	Gaussion 拟合	$y=y_0+\dfrac{A}{w\sqrt{\dfrac{\pi}{2}}}e^{-2\left[(x-x_c)/w\right]^2}$
Fit Lorentzian	Lorentzian 拟合	$y=y_0+\dfrac{2A}{\pi}\cdot\dfrac{w}{4(x-x_c)^2+w^2}$
Fit Multi-peaks	多峰值拟合	按峰值分别分段拟合,每段采用 Gaussion 或 Lorentzian 方法
Non-linear Curve Fit	非线性曲线拟合	提供了丰富的拟合函数,还支持用户自定义函数进行拟合

若进行线性拟合,选择菜单栏"Analysis"中的"Fit Linear"子菜单即可,拟合结果将显示在界面上。

若进行多项式拟合,点击"Analysis"中的"Fit Ploynomial"子菜单,在弹出对话框中选择拟合的最高方次、拟合点数、拟合的起点与终点。

在没有明确的函数关系时,可直接选择绘图命令中的 ⟋,作出点线连接线后,可通过双击该曲线或点击右键选择"Plot Details..."子菜单,在"Line"中选择"Connect"为"B-Spline"(B 样条曲线),则可将折线变为圆滑曲线。

当需要在同一坐标系中绘制多条曲线,并且各纵坐标值存在数量级上的差异或者纵轴意义完全不同需要分开表示时,可通过逐步增加图层的方式将不同数据绘制在相应图层中,具体做法后文将以离心泵实验为例进行讲解。

(3)Origin 处理实验数据的过程

①将数据输入 Origin 数据表格中。系统默认的 Worksheet 为两列,若需要增加,可直接单击工具栏中的增加列的符号或者选择菜单中的"Column",单击鼠标右键选择"Add New Column"子菜单,将其增加至需要的列数,如图 2-23 所示。

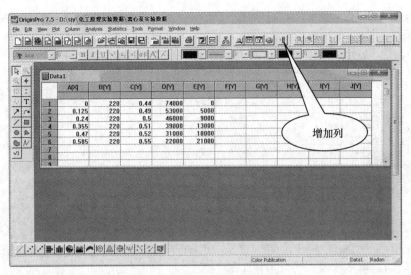

图 2-23　输入数据结果显示

②改变列的名称。为明确列的意义，双击每列，在弹出对话框中分别将 A～J 列的名称改为其实际代表含义。例如，在数据表中选中"A"列后，双击 A 列，弹出如图 2-24 所示的对话框。

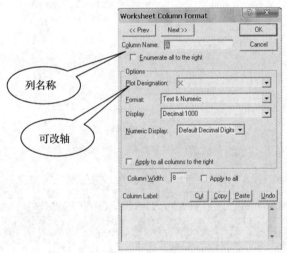

图 2-24　"Worksheet Column Format"对话框

该对话框不仅可以对列的名称进行修改，还可修改该列所在的轴、刻度显示等。对各列名称修改后结果如图 2-25 所示，对于特殊符号可通过软键盘输入。

③对数据进行计算处理。选中 q_v 列，然后点击鼠标右键，在弹出菜单中选择"Set Column Values"（设置列的数值）子菜单，在弹出的对话框中，输入运算公式进行计算，非常用运算符号可在"Add Function"中进行选择，Origin 提供了多种运算符，通过下拉箭头可看到；涉及某列的运算可通过"Add Column"选择某列，如图 2-26 所示。注意在输入公式时的运算符需在英文状态下输入。

④采用与步骤③相同的处理方式，对后面各列分别根据公式进行计算，结果如图 2-27 所示。

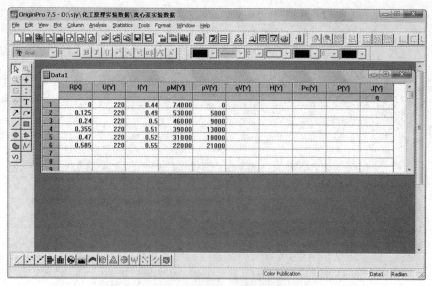

图 2-25　修改各列名称后的数据结果显示

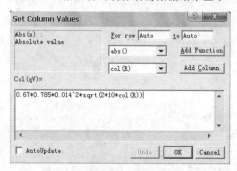

图 2-26　对 q_v 列进行运算

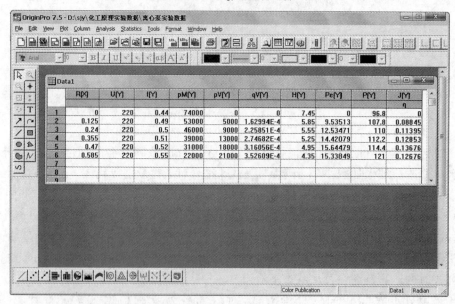

图 2-27　对各列进行计算后的结果显示

（4）Origin 的作图过程

①作单条数据线：H-q_V 曲线。

a. H 和 q_V 两列在 Origin 表格中均为 Y 轴，应将 q_V 列变为 X 轴，H 为 Y 轴（Y 轴总是与距离其最近的 X 轴匹配，一旦前面变为 X 轴，后面默认就是 Y 轴），按照前文"Origin 处理实验数据的过程"中步骤②的操作（图 2-24），双击 q_V 列，再从弹出对话框里的"Polt Desigation"中选择"X"即可。

b. 轴变换后，选中 q_V 和 H 两列，点击菜单"Plot"，选择其中的"Line＋Symbol"（线＋点）命令或者直接点击 Origin 界面绘图工具区中的点线连接键作图。通过双击该曲线或点击右键选择"Plot Details…"，在"Line"中选择"Connect"为"B-Spline"（B 样条曲线），将折线变为圆滑曲线。

c. 对图中轴的范围、间隔、表示方式、名称、字体大小、点与线的类型、颜色等均可进行修改，需要修改时直接双击图表中的相应位置即可，修改后的图形如图 2-28 所示。

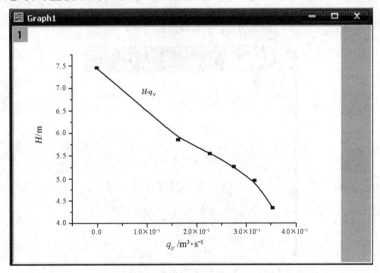

图 2-28　H-q_V 曲线

②作多条曲线：在 H-q_V 曲线基础上，增加 P-q_V 和 η-q_V 曲线。

由于三条线的纵坐标不同，需将三条纵轴分别表示。方法是采用逐步加图层的方式，即在第一层（第一条曲线）H-q_V 的基础上，再增加第二层（第二条曲线）P-q_V 和第三层（第三条曲线）η-q_V，具体做法如下。

a. 增加第二个图层的方法：在上图中左上角"1"（第一层）的旁边空白处点击右键，并在弹出窗口中从选项"New Layer（Axes）"中选择"（Lined）：Right Y"子选项，图中左上角即出现"2"（第二层）的符号，如图 2-29 所示。

b. 增加第二个图层的内容：在新增加的第二层（图中左上角的"2"处）上点击右键，在弹出窗口中选择层的内容"Layer Contents"，如图 2-30 所示。

在随后弹出的窗口中增加第二层的内容，从可利用的数据中选择要增加的列的数据。如图 2-31 所示，可选择将 P 列增加进去，点击"OK"按钮后第二条曲线即添加成功。对添加后的曲线进行润色和调整，可得如图 2-32 所示的结果。

c. 增加第三个图层及其内容的方法：重复上述 a、b 步骤，其结果如图 2-33 所示。

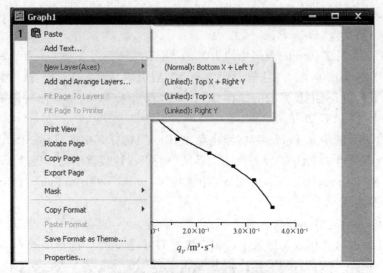

图 2-29　在图中增加第二个图层

图 2-30　在新增的第二个图层中添加内容

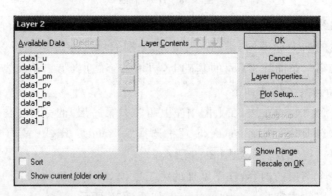

图 2-31　在新增的第二个图层中添加需要的数据列

从图中可以看出,右侧两条纵轴重合在一起,必须进行分离。分离方法为:双击右纵轴,在弹出窗口中选择"Title & Format"选项卡,并从"Axis"中选择"At Position"选项卡,然后再在"Percent/Value"中输入挪动后的数值,如图 2-34 所示。

将最终所得图形通过前面的步骤对轴的刻度、大小等方面进行润色和调整,最后所

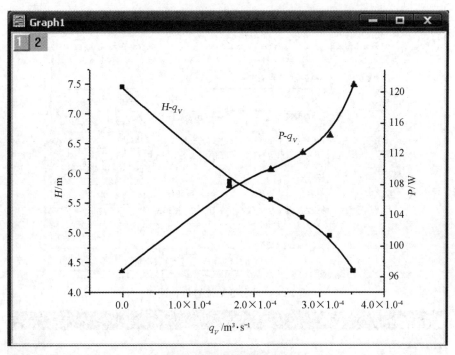

图 2-32 **H-q_v** 和 **P-q_v** 曲线

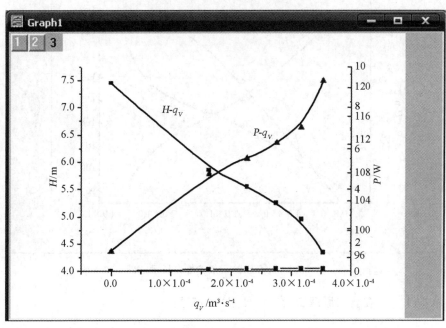

图 2-33 增加第三个图层后的结果显示

得图形如图 2-35 所示。

    d. 对整个数据进行保存：点击界面工具栏中的"File"菜单，从中选择"Save Project As"子菜单保存到指定位置。如果只需要将图形复制，可以通过选择工具栏中"Edit"菜单中的"Cope Page"子菜单，直接将图复制到 Word 文档中。

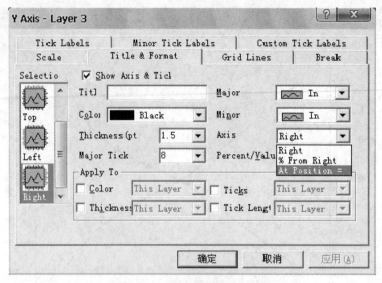

图 2-34　对右纵轴位置进行调整

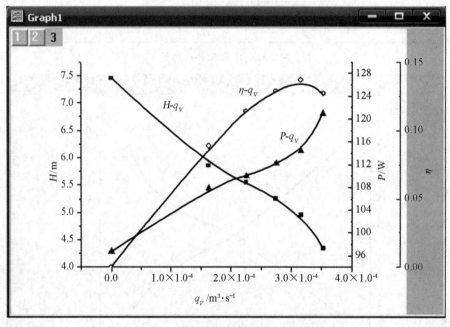

图 2-35　离心泵的三条特性曲线示意图

2.2.3　MATLAB 在化工原理实验数据处理中的应用

MATLAB 源于 Matrix Laboratory,原意为矩阵实验室,它是美国 Mathwork 公司开发的一种功能非常强大的科学计算软件。MATLAB 主要用于科学计算、线性代数、复变函数、概率统计、优化处理、偏微分方程求解及数据可视化等方面,集成了数值计算、符号运算、图形处理等强大功能,同时还提供了各种功能强大的工具箱,可以实现信号处理(Signal Processing)、控制系统(Control Systems)、神经网络(Neural Networks)、模糊逻辑(Fuzzy Logic)、绘图(Graph)、地图(Mapping)、图像处理(Image Processing)、小波分析（Wavelets）和模拟（Simulation）等功能，应用十分广泛。如今，在国外，MATLAB 不仅大量走入各大公司和科研机构，而且在高等院校中也成为大学生们必不可少的计算工具，是必须掌握的一项基本技能。在国内，MATLAB 也已在各大高校广泛应用，许多专业已把它作为基本的计算工具。下面主要以 MATLAB 7.6.0 为例简要介绍其在数据处理及作图方面的应用。

（1）MATLAB 7.6.0 的工作界面

启动 MATLAB 后，将进入如图 2-36 所示的默认设置的桌面平台。

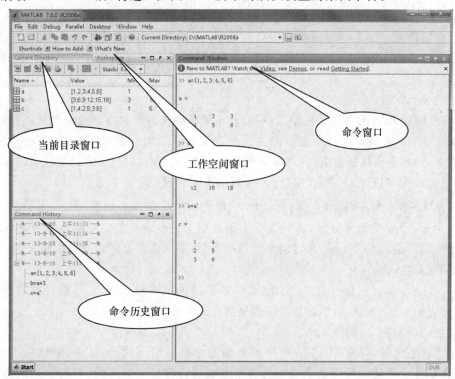

图 2-36　MATLAB 工作界面

默认设置情况下的桌面平台包括 4 个窗口，分别是命令窗口、工作空间窗口、当前目录窗口、命令历史窗口。

命令窗口（Command Window）是用来与 MATLAB 交互的主窗口，用户可以在命令窗口输入各种指令，系统自动地给出反馈信息。其中">>"为运算提示符，表示 MATLAB 正处于准备状态。

工作空间窗口（Workspace）显示当前内存中的所有 MATLAB 变量，包括变量的变量名、值、最大、最小、类型等信息，不同的变量类型分别对应不同的变量名图标。可以在命令窗口用"clear"命令清除所有变量，释放内存空间。

当前目录窗口（Current Directory）与 Windows 系统中资源管理器的功能类似，显示当前路径下的所有文件和文件夹，并提供搜索功能。

命令历史窗口（Command History）自动保留所有命令的历史记录并标明时间，方便使用者查询，双击某一命令时即在命令窗口中执行该命令。

除了在命令窗口直接输入命令外，MATLAB 也可以把一系列命令编写为程序文件进行运行。MATLAB 的程序文件为纯文本文件,其扩展名为".m",可以用任意的文本编辑软件(如记事本、写字板)编辑,编辑好后将文件扩展名改为".m"即可。当然使用MATLAB 软件自带的编辑器编写会更加方便和有效。打开 MATLAB 软件中的".m"后缀文件(M 文件)编辑器的方法是在菜单栏中选择"File",然后选择"New"选项,再选择"M-File"选项。或者在工具栏直接点击"新建 M 文件"按钮,还可以使用快捷键"Ctrl+N"。

(2)MATLAB 处理数据的基础知识

①数据类型。

MATLAB 的数据类型主要包括数字、字符串、矩阵(数组)、单元型数据及结构型数据等。顾名思义,MATLAB 最基本的数据类型是矩阵,单纯的数字被看成 1×1 的矩阵,大多数运算也是围绕矩阵来进行的,使用矩阵运算能够大大提高 MATLAB 程序的运行效率。

②变量和常量。

MATLAB 语言的变量采用隐式声明,即不要求事先声明和指定变量类型,它会自动根据赋予变量的值或对变量所进行的操作来确定变量类型。同时在赋值过程中如果变量已存在,则用新值代替旧值,并以新类型替代旧类型。MATLAB 中的变量名区分大小写,变量名长度不超过 31 位,以字母开头,可包含字母、数字、下划线。

MATLAB 中有一些预定义的变量称为常量,如 i、j 定义为虚数单位 $\sqrt{-1}$,Pi 定义为圆周率 π,inf 定义为无穷大,NaN 定义为不定值等。在命令窗口中输入变量名回车后将显示变量的值,如果输入的是之前未赋值的变量,系统则会提示该变量未定义。

③数据输入。

MATLAB 的数据输入格式完全继承了 C 语言的风格和规则,与一般计算器的格式类似,如正负号、小数点、科学计数法以及复数。

例如,9、−73、0.199 9、1.475 6e−4、6.635 E4、5+6i、3−4j。

值得注意的是,尽管 MATLAB 中的数值有多种显示形式,如整数(默认)、小数、指数等,但实际所有的数据均是以双精度实型形式进行存储和运算的,只是显示的形式不同而已。MATLAB 的输出格式可用 format 命令进行设定。

如 $\sqrt{2}$ 的值,在不同的格式下显示也不同:

format short	1.414 2
format long	1.414 213 562 373 095
format short e	1.414 2e+000
format long e	1.414 213 562 373 095e+000

MATLAB 的核心是矩阵,矩阵的输入有多种形式:

a. 直接输入:矩阵数据以"["开头,"]"结尾,同一行数据之间以","或空格隔开,不同行之间以";"或回车隔开。图 2-37 显示输入一个矩阵并赋值给变量 a。

也可以采用冒号的形式输入等差的向量,例如:

```
>>a=1:5
a=
 1 2 3 4 5
>>a=1:0.5:3
```

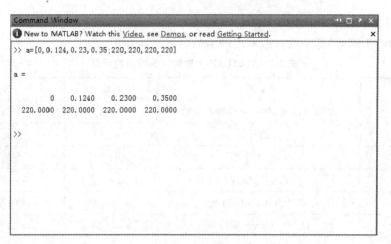

图 2-37　数据输入

a＝

1 1.5 2 2.5 3

b.利用数据文件导入：可以将数据写入 txt 文件中单独存放，使用时再导入到 MATLAB 中。使用记事本新建一个 txt 文件，输入矩阵数据，同行数据之间以“,”或空格隔开，不同行之间以回车隔开，如图 2-38 所示。

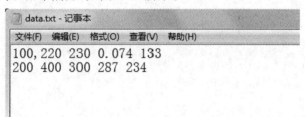

图 2-38　txt 文件存储数据格式

数据文件可以由“load ＜文件名(含扩展名)＞”命令导入，导入后自动生成一个与文件名同名(不含扩展名)的变量，并且矩阵数据将赋值给该变量。如果文件不在当前目录下，文件名还应该包含地址名，如命令“＞＞load D:\MATLAB\work\data.txt”将导入 D:\MATLAB\work 路径下的 data.txt 数据文件，赋值给一个名为 data 的变量。

c.从已有的矩阵变量中截取：MATLAB 中允许直接将已有的矩阵中的一部分赋值给新的变量，从而生成新的矩阵或向量，例如：

＞＞A＝B(4,5)　　　　　　　　　％将矩阵变量 B 的第 4 行,第 5 列的元素赋值给变量 A

＞＞A＝B(:,3)　　　　　　　　　％将矩阵变量 B 第 3 列的所有元素组成的列向量赋值给变量 A

＞＞A＝B(1:4,2:3)　　　　　　　％将矩阵变量 B 第 1～4 行,第 2～3 列元素组成的 4 行 2 列的矩阵赋值给变量 A

④运算。

a.算术运算。

利用 MATLAB 可以像使用计算器一样进行各类算术运算。对于简单的数字运算，只需直接在命令窗口中以平常惯用的形式输入然后按回车键就可得到结果。除简单的加减乘除外,MATLAB 中的一些常用的函数运算见表 2-5。

表 2-5　MATLAB 中常用的各种函数运算

名称	含义	名称	含义
A^B	A 的 B 次幂,B 可为小数和负数	cos(A)	A 的余弦
sqrt(A)	A 的开方	tan(A)	A 的正切
exp(A)	e 的 A 次幂	cot(A)	A 的余切
log(A)	A 的自然对数	asin(A)	A 的反正弦
log2(A)	以 2 为底,A 的对数	acos(A)	A 的反余弦
log10(A)	以 10 为底,A 的对数	atan(A)	A 的反正切
sin(A)	A 的正弦,其中 A 以弧度为单位	csc(A)	A 的余割

值得注意的是,MATLAB 中的括号只有小括号,没有中括号和大括号,以多级括号表示。图 2-39 中是一些算术运算的实例。

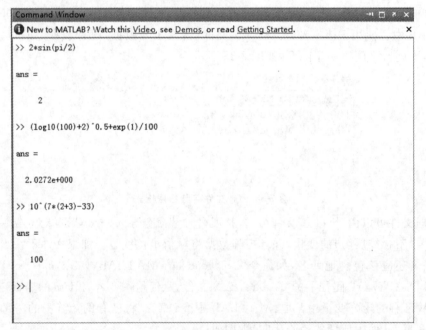

图 2-39　算术运算实例

b. 矩阵运算。

MATLAB 是以矩阵和向量(行数或列数为 1 的矩阵)为核心的,它提供了十分全面和强大的矩阵运算功能。

矩阵之间、矩阵与常数之间均可进行四则运算,但其意义与算术运算不同。矩阵的加减法同样使用"＋""－"运算符,但加减时是对应元素相加减,并且要求两矩阵是同阶的,如图 2-40 所示。

矩阵的乘除按照线性代数中的乘除法则进行,"＊"为乘法运算符。除法有两种形式,包括左除"/"和右除"\",其中右除要先计算矩阵的逆再做矩阵的乘法,而左除则不需

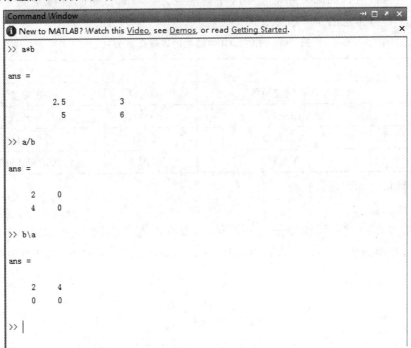

```
Command Window
New to MATLAB? Watch this Video, see Demos, or read Getting Started.
>> a=[1, 2; 2, 4]'

a =

     1     2
     2     4

>> b=[0.5 1; 1 1]

b =

        0.5           1
          1           1

>> a+b

ans =

        1.5           3
          3           5

>>
```

图 2-40　矩阵运算实例

要计算矩阵的逆而直接进行除运算,两者的意义不相同,采用上一个例子中的变量 a 和 b,分别进行左除和右除得到如图 2-41 中的结果:

```
Command Window
New to MATLAB? Watch this Video, see Demos, or read Getting Started.
>> a*b

ans =

        2.5           3
          5           6

>> a/b

ans =

     2     0
     4     0

>> b\a

ans =

     2     4
     0     0

>>
```

图 2-41　矩阵运算中左除"/"和右除"\"的区别

而点乘". *",点除". /"和". \"运算符则是将矩阵对应元素相乘除,同时". /"和". \"运算符分别代表不同的意义。采用上一个例子中的变量 a 和 b 分别进行点乘和点除得到如图 2-42 中的结果。

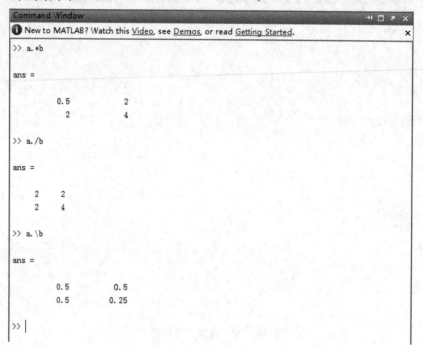

图 2-42 矩阵运算中点乘和点除的区别

矩阵与常数进行加减乘除则是矩阵中对应各元素与常数进行加减乘除,MATLAB中还提供了一些常见的矩阵运算公式,见表 2-6。

表 2-6 MATLAB 中提供的矩阵运算公式

名称	含义	名称	含义
A'	A 的转置矩阵	trace(A)	A 的迹
inv(A)	A 的逆矩阵	eig(A)	A 的特征值分解
norm(A)	A 的范数	svd(A)	A 的奇异值分解
rank(A)	A 的秩	lu(A)	A 的 LU 分解

⑤线性拟合和多项式拟合。

a.线性拟合。

用 MATLAB 进行线性拟合,十分简便,可以直接通过矩阵除法来实现。

例如,有两列数 $x=1,3,5,7$;$y=7,13,20,25$,满足 $ax+b=y$ 的线性函数关系,即有:

$$\begin{pmatrix} x_1 & 1 \\ x_2 & 1 \\ x_3 & 1 \\ x_4 & 1 \end{pmatrix} \begin{pmatrix} a \\ b \end{pmatrix} = \begin{pmatrix} y_1 \\ y_2 \\ y_3 \\ y_4 \end{pmatrix}$$

可以通过最小二乘法线性拟合确定参数 a 和 b。在 MATLAB 中可通过如下方法实现:

$\gg x=[1,3,5,7]'$ %输入 x 的值,并转换为列向量

```
>>y=[7,13,20,25]'          %输入 y 的值,并转换为列向量
>> x1=[x ones(4,1)]        %构建系数矩阵,ones(4,1)生成一个 4 行 1 列元素都
                            为 1 的向量
x1=
    1    1
    3    1
    5    1
    7    1
>>x1\y                      %最小二乘法确定参数
ans=
    3.0500                  %a 的值
    4.0500                  %b 的值
```

即得 $3.050\,0x+4.050\,0=y$。

求相关系数需单独计算,方法如下:

```
>>R=corrcoef(x,y)          %得到相关系数矩阵
>> R(2,1)^2                %得到 R² 值
ans=
    0.9963
```

即得 $R^2=0.996\,3$。

b. 多项式拟合。

方法一: 可以采用与线性拟合类似的方法,构建系数矩阵,利用矩阵除法进行多项式拟合。

$$\begin{bmatrix} x_1^2 & x_1 & 1 \\ x_2^2 & x_2 & 1 \\ x_3^2 & x_3 & 1 \\ x_4^2 & x_4 & 1 \end{bmatrix}\begin{bmatrix} a \\ b \\ c \end{bmatrix}=\begin{bmatrix} y_1 \\ y_2 \\ y_3 \\ y_4 \end{bmatrix}$$

例如,对于上一个例子中的 x,y 采用二次多项式拟合,可以通过如下方法实现:

```
>> x2=[x.^2 x ones(4,1)]   %构建系数矩阵
x2=
     1    1    1
     9    3    1
    25    5    1
    49    7    1
>>x2\y                      %最小二乘法确定参数
ans=
    -0.0625                 %a 的值
    3.5500                  %b 的值
```

3.3625 　　　　　　　　%c 的值

即得 $-0.062\,5x^2 + 3.550\,0x + 3.362\,5 = y$

方法二:采用专用的拟合函数 polyfit 拟合,对于上一个例子中的数据进行二项式拟合可以采用如下方法实现:

＞＞polyfit(x,y,2) 　　　　　　　　　%其中 x,y 为拟合数据,n 为拟合多项式的阶数

ans=

−0.0625 　　3.5500 　　3.3625

得到的结果与方法一相同。

⑥图形绘制。

不管是数值计算还是符号计算,无论计算结果多么完美,人们还是很难直接从大量的数据堆中得出它们的各种关系,因此人们更喜欢观察直观的图形来感受数据之间的关系,而 MATLAB 为用户提供了完整的可视化工具。

MATLAB 中最常用的绘图函数就是 plot 函数,基本格式如 plot(x,y,s),其中 x,y 为用来绘图的两个数据向量,s 为一个字符串参数,可以代表不同线型、点标和颜色,一些绘图常用的线型和符号见表 2-7。例如利用前一个例子中的 x,y 数据可以绘制数据点和拟合结果,如图 2-43 所示:

＞＞a=[x ones(4,1)]\y; 　　　　　%得到拟合参数

＞＞x1=1:0.2:7; 　　　　　　　　　%输入拟合曲线的 x 值

＞＞x1=x1'; 　　　　　　　　　　　%将 x_1 转置变为列向量

＞＞y1=x1 * a(1)+a(2); 　　　　　%计算得到拟合曲线的 y 值

＞＞plot(x,y,'ks',x1,y1,'r-') 　　　%绘制原始数据点和拟合曲线

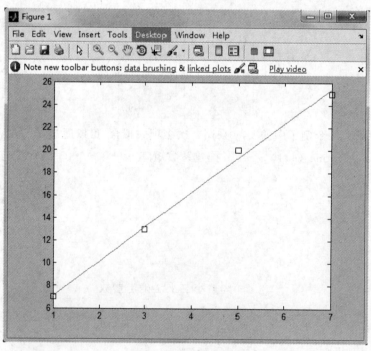

图 2-43　曲线绘制结果显示

表 2-7　一些绘图常用的线型和符号

符号	含义	符号	含义
y	黄色	-	实线
m	紫色	:	点线
c	青色	-.	点划线
r	红色	--	虚线
g	绿色	s	方框点
b	蓝色	^	上三角
k	黑色	o	圆圈

除了 plot 函数之外,MATLAB 还提供了绘制双 Y 轴图形的 plotyy 函数、分块绘图的 subplot 函数等各种绘图函数。实际上 MATLAB 有着丰富的绘图工具和图形处理命令,可以绘制包括柱状图、饼图、矢量图、等高线图、误差图以及各种 3D 图形。除了绘制基本图形以外,我们也可以利用命令对图形进行修饰和标注。常见命令格式见表 2-8。

表 2-8　对图形进行修饰和标注的常见命令

命令	含义
hold on(off)	保持(删除)当前图形
grid on(off)	在当前图形中添加(去掉)网格
axis([xmin,xmax,ymin,ymax])	确定图形坐标范围
xlable('x 轴 '), ylable('y 轴 ')	在 x(y)轴添加标志"x 轴"("y 轴")
legend('y=f(x)')	为曲线添加注解
title(' 曲线 ')	为图形添加标题
text(x,y, ' 文本 ')	在图上(x,y)坐标处添加"文本"

(3)MATLAB 处理实验数据的过程

以化工原理实验中的离心泵实验数据为例。

首先,用记事本录入实验数据,每一行为一组数据,每一列为一个物理量,从左到右依次为液柱差(R)、电压(U)、电流(I)、压差计读数(p_M)、真空表读数(p_V),如图 2-44 所示。

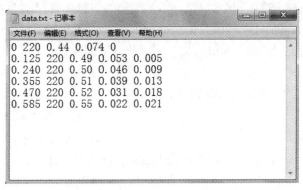

图 2-44　txt 存储离心泵实验数据

然后,在工具栏中单击"New M-File"按钮,打开 M 文件编辑器,如图 2-45 所示。

图 2-45　打开 M 文件编辑器

在编辑器中输入如下程序：

clear, clc	%clear 清除内存,clc 清空命令空间
format short e	%设置命令空间显示格式
load data. txt	%载入数据,赋值给变量 data
R=data(:,1);	%将液柱差数据赋值给变量 R
U=data(:,2);	%将电压数据赋值给变量 U
I=data(:,3);	%将电流数据赋值给变量 I
Pm=data(:,4)*1e6;	%将差压计读数赋值给变量 p_M
Pv=data(:,5)*1e6;	%将真空表读数赋值给变量 p_v
qv=0.67*0.785*0.014^2*sqrt(2*10*R);	%计算体积流量 q_v
H=0.05+(Pm+Pv)/1000/10;	%计算扬程 H
Pe=qv.*H*1000*10;	%计算有效功率 P_e
P=U.*I;	%计算轴功率 P
n=Pe./P*100;	%计算泵的效率 η
plot(qv,n,'ks-','MarkerSize',5,'Linewidth',1);	%绘制 η-q_v 图,设置数据点为黑色方框点,以黑色线连接,方框大小为5,线宽为1
hold on	%保持当前图形
[AX,H1,H2]=plotyy(qv,H,qv,P,'plot');	%在当前图形上以 H-q_v 和 P-q_v 绘制双 Y 轴图形,并返回轴指针给 AX 和两条线的指针给 $H1$、$H2$
set(AX(1),'YColor','k');	%设置双 Y 轴图的左边 y 轴为黑色
set(AX(2),'YColor','k');	%设置双 Y 轴图的右边 y 轴为黑色
set(H1,'LineStyle','--','Linewidth',1.2,'color','k','Marker','^','MarkerSize',5);	%设置 H-q_v 曲线的线型和颜色
set(H2,'LineStyle',':','Linewidth',1.2,'color','k','Marker','o','MarkerSize',5);	%设置 P-q_v 曲线的线型和颜色
xlabel('qv /m^{3}s^{-1}')	%设置 x 轴标志
set(get(AX(1),'Ylabel'),'String','\color{black}\eta /%, H /m');	%设置左边 y 轴标志
set(get(AX(2),'Ylabel'),'String','P /W');	%设置右边 y 轴标志
legend('\eta','H','P',2);	%设置图例

hold off   %取消对当前图形的保持

[qv,H,Pe,P,n]   %输出计算结果

最后在工具栏上单击"Run test. m"按钮(图 2-46),运行程序。

图 2-46 运行程序

最后,得到如图 2-47 所示图形和计算结果,计算结果有 5 列,从左到右依次为 q_V,H,P_e,P 和 η。

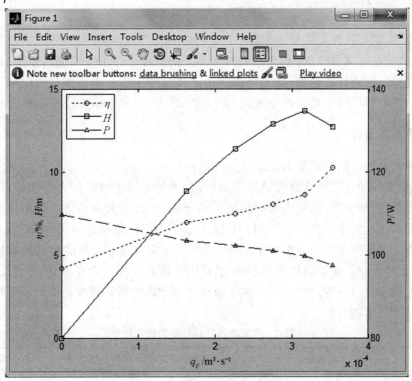

图 2-47 离心泵三条特性曲线显示

第3章 化工实验参数测量技术

压力、流量以及温度是化工生产和科学实验中基本的物理量,也是常测定的物理量,合理选用、正确使用和熟练操作各种测量仪器是提高实验结果准确性的重要保障。测量仪器的种类很多,本章主要对化工原理实验中所涉及的一些常见的压力测量、流量测量和温度测量等仪表的构造、工作原理及使用方法做一些简要的介绍。

3.1 压力的测量

在化工生产过程和化工基础实验中经常要考察流体流动阻力、某处压力或真空度以及用节流式流量计测量流量,其实都是对压力差的测量。为了准确地测量压力差,需要了解测压原理、压差计的分类、压差计的使用方法及测压过程中需要注意的事项等。根据测压原理不同,压差计大致可分为三大类:液柱压差计、弹性压差计和电测压差计。

3.1.1 液柱压差计

(1)液柱压差计的构造及工作原理

液柱压差计是基于流体静力学原理设计的,是最早用来测量压力的仪表,其结构简单、使用方便、价格便宜,既可用来测量流体的压强,又可用来测量流体管路两点间的压强差,目前在实验室中仍被广泛使用。其缺点是不能测量较高的压力,也不能自动指示和记录,因此其使用范围受到很大限制,一般可作为实验室中低压的精密测量以及用于仪表的检定和校验。按其结构形式不同,液柱压差计可分为 U 形压差计、单管压差计、斜管压差计、微型压差计等,见表 3-1。关于液柱压差计的测压原理在化工原理课程中已有详细介绍,不再赘述。

表 3-1 常见液柱压差计的结构及特性

名称	示意图	测量范围	静力学方程	备注
U 形压差计		高度差 R（即 h_1+h_2）不超过 800 mm	$\Delta p=(\rho_0-\rho)gR$（液体） $\Delta p=\rho_0 gR$（气体） ρ_0—指示液密度 ρ—待测液密度	零点在标尺中间,用时不需要调零点,常用作标准压差计

名称	示意图	测量范围	静力学方程	备注
倒置U形压差计		高度差 R 不超过 800 mm	$\Delta p = \rho g R$ ρ—待测液密度	以待测液体为指示液,适用于较小压差的测量
单管压差计		高度差 R 不超过 1 500 mm	$\Delta p = g\rho\left(\dfrac{A_2}{A_1}+1\right)h_2$ 当 $A_1 \gg A_2$ 时, $\Delta p = g\rho h_2$ A_1—扩大室截面积 A_2—垂直管截面积 ρ—指示液密度	零点在标尺下端,用前需先调零,可用作标准器
斜管压差计		高度差 R 不超过 200 mm	$\Delta p = g\rho\left(\dfrac{A_2}{A_1}+\sin\alpha\right)l$ 当 $A_1 \gg A_2$ 时, $\Delta p = g\rho l\sin\alpha$ A_1—扩大室截面积 A_2—垂直管截面积 ρ—指示液密度	α 小于 15° 时,可通过改变 α 的大小来调整测量范围,零点在标尺下端,用前需先调零
双液液柱压差计		高度差 R 不超过 500 mm	$\Delta p = (\rho_a - \rho_b)gR$ $(\rho_a > \rho_b)$ ρ_a、ρ_b—指示液密度	U形管中装有 a、b 两种密度相近的指示液,且两臂上方有扩大室,旨在提高测量的精度

(2)安装使用过程中应注意的问题

液柱压差计虽然构造简单、使用方便,但其耐压能力弱、结构不牢固、容易破碎、测量范围窄,因此在使用过程中要注意以下几点:

①被测压力不能超过仪表的测量范围,以防压力过大时将指示液冲走。

②避免安装在过热、过冷、有腐蚀性液体或有振动的地方。

③一定不能选择可与待测液混溶或发生反应的指示液。常用指示液有水银、水、四氯化碳、甘油、煤油等,注入指示液体时,应使液面对准标尺零点。

④由于液体的毛细现象,在读取压力值时,视线应与凹液面的最低处或凸液面的最高处平齐。

⑤要经常检查仪表本身和连接管间是否有泄漏现象。

3.1.2 弹性压差计

弹性压差计是以弹性元件受压后所产生的弹性形变作为测量基础,一般可分为三类:薄膜式、波纹管式和弹簧管式。其基本原理都是力平衡原理,主要依据弹性形变的机械位移与被测压力之间的线性关系来进行测压。弹性压差计具有测压范围宽泛、结构简单、价格便宜、现场使用和维修方便等优点,因此在化工生产和实验室中都有广泛的应用。弹簧管压差计是最常见的一种弹性压差计,所以下面主要针对弹簧管压差计作一简要介绍。

(1)弹簧管压差计的构造及其工作原理

弹簧管压差计主要由弹簧管、齿轮传动机构、示数装置(指针和分度盘)以及外壳等几部分构成,其结构如图 3-1 所示。

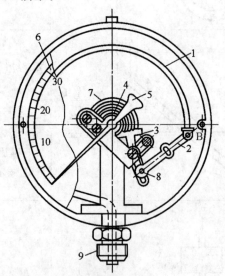

图 3-1　弹簧管压差计

1—弹簧管;2—拉杆;3—扇形齿轮;4—中心齿轮;
5—指针;6—面板;7—游丝;8—调整螺丝;9—接头

弹簧管是其测压元件,其中单圈弹簧管压差计使用较多。弹簧管是一根被弯成 $270°$ 圆弧的椭圆截面的空心金属管。管的自由端 B 封闭,另一端固定在接头 9 上。当通过被

44

测压力 p 后,椭圆形截面在压力 p 的作用下,将趋于圆形,而弯成圆弧形的弹簧管也随之产生扩张形变,从而使弹簧管的自由端 B 产生位移。输入压力 p 越大,产生的形变位移也越大。由于输入压力与弹簧管自由端 B 的位移成正比,所以只要测得 B 点的位移量,就能反映出压力 p 的大小。但是弹簧管自由端 B 的位移量一般很小,直接显示有困难,所以需要通过放大装置才能被显示出来。其放大过程为:自由端 B 的弹性形变位移通过拉杆 2 使扇形齿轮 3 作逆时针转动,于是指针通过同轴的中心齿轮 4 带动而顺时针偏转,从而在面板的刻度标尺上显示出被测压力 p 的数值。由于自由端的位移与被测压力 p 间成正比关系,因此弹簧管压差计的刻度标尺是线性的。游丝 7 是用来调节、克服因扇形齿轮和中心齿轮的间隙所产生的仪表偏差。改变调整螺丝 8 的位置(即改变机械转动的放大系数)可以实现对压差计的量程的调整。

(2)选择、安装及使用时应注意的问题

用压差计进行测量时,除需要对仪表进行正确的选择和检定外,还需正确安装和使用,才能获得准确的数据并延长仪表的使用寿命。

在选择弹簧管压差计时,需要注意如下方面:

①注意工作介质的物理特性。工作介质的物理特性决定了压差计的选材,如测量氨气压力时,必须采用不锈钢弹簧管,而不能采用铜质材料的压差计。

②注意压差计的量程。为保证弹簧元件能在弹性形变的安全范围内可靠工作,在选择压差计的量程时,必须考虑留有足够的余地。一般操作指示值,在被测压力较稳定的情况下,最大压力值不超过满量程的 3/4;在被测压力波动较大的情况下,最大压力值应不超过满量程的 2/3。

③注意仪表的精确度。我国仪表精确度等级主要有 0.01、0.02、0.04、0.05、0.1、0.2、0.35、0.5、1.0、1.5、2.5、4.0 等多种等级。在实际操作中需要根据允许误差选择仪表,其精确度一定要高于允许的最大引用误差。

在安装和使用弹簧管压差计时,需要注意如下方面:

①压差计应安装在与测压点相垂直的位置,且与测压点保持较小距离,以免仪表指示延迟,与测压点相距较大时,应进行液柱差的修正。

②压差计应在环境温度为 $-40\ ℃\sim60\ ℃$ 范围内使用。

③测量腐蚀性介质压力时,应在压差计前加装隔离装置。

④在测量脉动压力时,应在压差计前加装缓冲器件和助力器,以减小仪表指针摆幅,提高仪表使用寿命。

⑤仪表必须定期校验,只有合格的仪表才能使用。

3.1.3 电测压差计

除了上述介绍的液柱压差计和弹性压差计外,在化工生产中还常常采用电测压差计。这类压差计主要是利用传感器将待测的压力转化成各种电信号(如电压、电流、频率等),再将这些电信号进行处理调制或通过模数转换和芯片运算处理,输出模拟信号或数值信号,以实现对压力测量的装置。

常见的测压系统所用传感器有电容式、电感式、电阻式、涡流式、压电式等。以电容式压差传感器为例。电容式压差传感器是将压力差转换成电容的变化,经电路变换成电量输出。该类传感器结构简单,灵敏度高,适合测量微压(0 Pa～0.75 Pa),响应速度快(约 100 ms),抗干扰能力较强。变送器主要由检测部分和信号转换及放大处理部分组成。检测部分由检测膜片和两侧固定弧形板组成,检测膜片在压差的作用下可轴向移动,形成可移动电容极板,并和固定弧形板组成两个可变电容器 C_1 和 C_2,结构如图 3-2 所示。

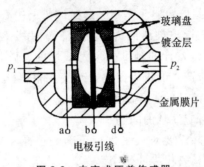

图 3-2　电容式压差传感器

电容式压差传感器的工作原理:检测前,高、低压室压力平衡,$p_1 = p_2$,组成两可变电容的固定弧形极板和检测膜片对称,极间距相等,$C_1 = C_2$。当被测压力 p_1 和 p_2 分别由导入管进入高、低压室时,由于 $p_1 > p_2$,测量膜片产生位移,其位移量和压力差成正比,故两侧电容量不相等,通过振荡和解调环节,转换成与压力成正比的信号;接着进行信号调制得到调制电流,A/D 转换器将解调器的电流转换成数字信号,其值被微处理器用来判定输入压力值。

3.2　流量的测量

流体的流量是化工生产过程中的重要参数之一,为了使生产过程能稳定进行,需要经常对流量进行准确测定。测定流量的仪器很多,主要有压差式流量计、容积式流量计、速度式流量计、质量流量计等。本节仅简要介绍几种常用流量测量装置,其他一些类型流量计可参考相关书籍或文献。

3.2.1　节流式流量计

节流式流量计是基于流体在通过设置于流通管道上的流动阻力件时,产生的压力差与流体流量之间的确定关系,通过测量压差值求得流体流量的装置。它通常是由能将被测流量转换成压力差信号的节流装置(如孔板、喷嘴、文丘里管、动压管等)和压差计组合而成的。

(1)孔板流量计的构造及其工作原理

孔板流量计是以孔板作为节流装置的压差式流量计。标准孔板(如图 3-3 所示)是一块具有与管道同心圆形开孔的圆板,迎流一侧是有锐利直角入口边缘的圆筒形孔,顺流的出口呈扩散的锥形。对标准孔板的要求:①斜角 F:35°～45°;②d:不小于 12.5 mm;③$\beta = d/D$:0.2～0.75;④孔板厚度 E:0.005D～0.02D;⑤端面平整,表面任何两点连线对垂直于中心线的平面斜率都不应小于 1%;⑥上游边缘无划痕也无毛刺。

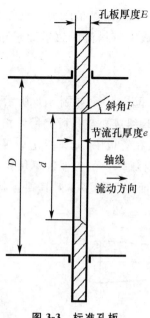

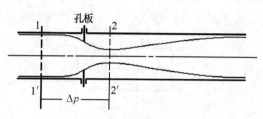

图 3-3　标准孔板　　　　　　　　图 3-4　孔板流量计

图 3-3 中标注:孔板厚度E、斜角F、节流孔厚度e、轴线、流动方向、D、d

图 3-4 中标注:孔板、1、2、1'、2'、Δp

　　孔板流量计的测量原理:如图 3-4 所示,当流体在管路中从左向右流动,通过孔板时,圆流道突然缩小,使流速突然增加,压强降低,这样在孔板前后就产生了压差。流体流过孔板后,由于惯性作用,流道截面并不立即扩大到整个管道截面,而是继续收缩,直到截面 2-2' 处,流道截面收缩到最小,这个最小流道截面称为缩脉。随后流道截面逐渐扩大,流速逐渐减小,并恢复到截面 1-1' 处的数值。由于管路中流量越大,在孔板前后所产生的压差越大,据此可通过对孔板前、后压差的测定来确定流量大小。

　　孔板流量计中流量和压差的关系,可在节流元件前后设测压点,根据伯努利方程和流体连续性方程式推导。推导过程略,关系式为:

$$q_V = C_0 A_0 \sqrt{\frac{2\Delta p}{\rho}} \tag{3-1}$$

式中,A_0 为孔的截面积;ρ 为待测液密度;C_0 为孔板系数。C_0 与众多因素有关,如雷诺数 Re、孔面积与管道面积比 A_0/A、孔板的取压方式及加工精度等。目前还无法从理论上计算 C_0,只能靠实验来获取。实际生产中所用孔板流量计的 C_0(孔流系数)值范围一般为 $0.6\sim0.7$。

　　由上式可知,流量与压力差 Δp 的平方根成正比。Δp 的数值可由压差计测出,如连接一个 U 形压差计,通过 U 形管中的液柱差,根据流体静力学方程即可求出 Δp,再代入上式就可求出管路中流体的流量。

　　若接 U 形压差计:

$$q_V = C_0 A_0 \sqrt{\frac{2\Delta p}{\rho}} = C_0 A_0 \sqrt{\frac{2Rg(\rho_0 - \rho)}{\rho}} \tag{3-2}$$

式中,ρ_0 为指示液密度,kg/m^3;ρ 为待测液密度,kg/m^3。

　　若接倒置 U 形压差计:

$$q_V = C_0 A_0 \sqrt{\frac{2\Delta p}{\rho}} = C_0 A_0 \sqrt{2Rg} \tag{3-3}$$

此类流量计的特点:结构简单,加工方便,价格便宜。但其缺点是压力损失较大(主要是由于流体在流经孔板时,截面的突然缩小与扩大形成大量涡流所致),测量精度较低,只适用于洁净流体介质。

(2)文丘里流量计的构造及其工作原理

文丘里流量计也属于节流式流量计中的一种。文丘里流量管(如图 3-5 所示)由入口圆筒段 A、圆锥收缩段 B、圆筒形喉部 C 和圆锥扩散段 E 组成。与孔板流量计相比,两者流道形状很相似,但由于文丘里管中渐缩渐扩短管安装在管道中,流速变化平缓,涡流较少,因此文丘里管压力损失较小,有较高的测量精度,对流体中的悬浮物不敏感,可用于污脏流体介质的流量测量,尤其在大管径流量测量方面应用较多。但其缺点是尺寸大、笨重、加工困难、成本高,一般用在有特殊要求的场合。

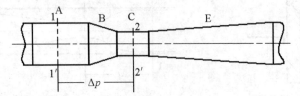

图 3-5 文丘里流量管

文丘里流量计的测压原理与孔板流量计相同,对于充满管道的流体,当它流经管道内的节流元件时,流速将在文丘里管喉颈处形成局部收缩,因而流速增加,静压力降低,于是在文丘里管喉颈前后便产生了压差。流体流量越大,产生的压差就越大,因此可依据压差的大小来衡量流量的大小。由于文丘里流量计的测量原理与孔板流量计相同,其流量计算公式与孔板流量计也相同:

$$q_V = C_V A_0 \sqrt{\frac{2\Delta p}{\rho}} \tag{3-4}$$

式中,C_V 为文丘里流量计的流量系数,范围为 $0.98 \sim 0.99$;A_0 为喉管处截面积,m^2;ρ 为待测液密度,kg/m^3。

若接 U 形压差计:

$$q_V = C_V A_0 \sqrt{\frac{2\Delta p}{\rho}} = C_V A_0 \sqrt{\frac{2Rg(\rho_0 - \rho)}{\rho}} \tag{3-5}$$

(3)安装使用时应注意的问题

使用节流式流量计时,流体流动形态、速度分布和能量损失等因素都会对流量与压差的关系产生影响,从而导致测量误差。因此使用时应注意以下几个问题:

①流体必须是牛顿型流体,且流经节流元件时不发生形变。

②节流元件应安装在水平管道上,节流元件前后应有适当长的直管段作为稳定段,一般上游直管段长为管径的 30 倍~50 倍,下游直管段大于管径的 10 倍。在稳定段中不能安装管件、阀门、测温或测压装置。

③安装流量计时应注意节流元件的方向,对于孔板流量计,锐孔应朝上游;对于文丘里流量计,较短的渐缩管应安装在上游。

④当被测流体密度与标准流体密度不同时,应对流量与压差关系进行校正。

3.2.2 转子流量计

转子流量计是一种流体阻力式或称截面式流量计,与节流式流量计测量原理完全不同。节流式流量计是在节流面积(如孔板面积)不变的条件下,以压差变化来反映流量的大小;而转子流量计却是以压降不变,利用节流面积的变化来反映流量的大小,是一种定压降、恒流速流量计。

(1)转子流量计的构造及其原理

转子流量计(图3-6)由一个从下向上逐渐扩大的锥形玻璃管和一个置于锥形管内可以上下自由移动的转子(也称浮子)所构成。转子流量计垂直安装在测量管路上,当流体自下而上流入锥形管中时,位于锥形管中的转子受到向上的冲力便会浮起,而流体从锥形管和转子间环隙中继续流过。此时转子会受到三个力的作用:流体对转子的动压力(向上)、转子在流体中的浮力(向上)和转子自身的重力(向下),当三个力达到平衡时,转子就平稳地浮在锥形管内某一位置上。对于给定的转子流量计,转子大小和形状已经确定,当流体流速变大或变小时,转子将会向上或向下移动,相应位置的流动截面积也会发生变化,达到新的平衡后,转子会再次稳定,这就是转子流量计的测量原理。

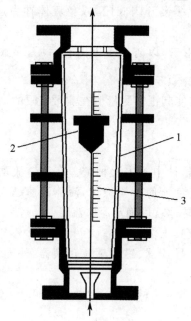

图 3-6 转子流量计

1—锥形玻璃管;2—转子;3—刻度

根据转子静止不动时,三个力达到平衡,可得关系式:

$$\Delta p = \frac{V_f(\rho_f - \rho)g}{A_f}$$

(3-6)

式中,Δp 为转子下端与上端的压力差,Pa;V_f 为转子体积,m^3;A_f 为转子最大横截面积,m^2;ρ_f 为转子密度,kg/m^3;ρ 为流体密度,kg/m^3。

当转子停留在某一固定位置时,转子与环隙面积就是一个固定值,此时流体流经环隙面积的流量和压强差的关系与流体通过孔板流量计孔板的情况相似。因此,仿照孔板

流量计的流量公式可写出转子流量计的流量公式,即:

$$q_V = C_R A_R \sqrt{\frac{2\Delta p}{\rho}} = C_R A_R \sqrt{\frac{2gV_f(\rho_f - \rho)}{A_f \rho}} \tag{3-7}$$

式中,A_R 为转子与玻璃管的环隙截面积,m²;C_R 为转子流量计的孔流系数,与 Re、转子形状等有关,可由实验测定。

由上式可看出,由于流量 q_V 与环隙面积 A_R 有关,在锥形管与转子的尺寸固定时,环隙面积取决于转子在管内的位置,因此流量的大小就可以用转子的停留位置来指示。

需要特别注意的是,转子流量计锥形玻璃管外表面上有流量值,读数时应读取转子上端平面(最大截面)所对应的流量值。

转子流量计的优点是读数方面无需公式计算,可直接读取;流动阻力很小;测量范围宽;精度较高;对不同的流体适用性广。其缺点是玻璃管不能经受高温和高压,在安装使用过程中玻璃容易破碎。

(2)安装使用时应注意的问题

①转子流量计必须垂直安装在无震动的管路中,流体应从下部进入。

②转子流量计前的直管段长度应不小于流量计直径的 5 倍。

③使用转子流量计时,应缓慢开闭阀门,以免流体冲力过猛,损坏锥形管或将转子卡住。

④要经常清洗转子或锥形管,以防转子上附有污垢,导致其质量或环隙通道面积发生变化,从而增大测量误差。

⑤选用转子流量计时,应使其正常测量值在测量上限的 $\frac{1}{3} \sim \frac{2}{3}$ 刻度内。

3.2.3　涡轮流量计

涡轮流量计是速度式流量计中的主要种类。在流体流动的管道内安装一个能自由转动的叶轮,当流体经过时其动能使叶轮旋转,流体流速越大,动能越大,叶轮转速就越高。利用测出的叶轮转数或转速就可确定流体流量。

(1)涡轮流量计的构造及其工作原理

涡轮流量计主要由涡轮、导流器、磁电感应转换器、外壳和前置放大器等组成,其结构如图 3-7 所示。

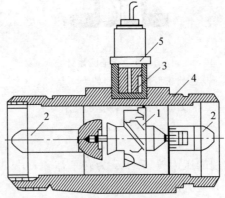

图 3-7　涡轮流量计

1—涡轮;2—导流器;3—磁电感应转换器;4—外壳;5—前置放大器

①涡轮:流量计的检测元件,高导磁性材料,装有螺旋状叶片,叶片数量根据直径变化而不同,有 2～24 片不等。

②导流器:对流体起导向整流以及支撑叶轮的作用,通常选用非导磁不锈钢或硬铝材料制成。

③磁电感应转换器:由线圈和磁铁组成,用以将叶轮的转速转换成相应的电信号。

④外壳:用以固定和保护内部零件,并与流体管道连接,由非导磁不锈钢制成。

⑤前置放大器:用于放大磁电感应转换输出的微弱电信号,进行远距离传送。

涡轮流量计的工作原理:涡轮流量计安装在管路中,当流体通过管路时,冲击涡轮叶片,对涡轮产生驱动力矩,使涡轮克服摩擦力矩和流体阻力力矩而产生旋转。在一定的流量范围内,涡轮的旋转角速度与流体流速成正比。因此,通过测定涡轮的旋转角速度,可获得流体流速,进而可计算得到流体流量。涡轮的转速是通过装在外壳的传感线圈来检测的。当高导磁性的涡轮叶片切割由壳体内永久磁钢产生的磁力线时,就会引起传感线圈中的磁通量变化,从而在线圈中感应出交流电信号。交流电信号的频率与涡轮的转速成正比,也与流量成正比,这个电信号经前置放大后,被送入电子计数器或电子频率计,以累计转数或指示流量。

涡轮流量计的优点是:①精度高,在所有流量计中,它是最精确的;②重现性好,短期重复性可达 0.05％～0.2％;③输出脉冲频率信号,无零点漂移,抗干扰能力强;④测量范围宽;⑤适用于高压测量。其缺点是:①难以长期保持校准特性,需要定期校验;②不适用于高黏度流体;③要求被测介质洁净,以减小对轴承的磨损。

(2)安装使用时应注意的问题

①涡轮流量计必须安装在水平管路中,否则会引起流量系数的变化。

②流量计前后的直管段应分别大于管径的 15 倍和 5 倍。

③流体的流动方向要与流量计箭头标注方向一致。

④流量计前应加装滤网,防止杂物进入流量计使流量计损坏。

⑤使用时应根据流体的密度和黏度考虑是否需要对流量计进行校正。

3.3　温度的测量

温度是表示物质冷热程度的物理量,自然界中的许多现象都与温度有关。在化工生产和科学实验中,人们都会遇到大量有关温度测量和控制的问题。温度测量对于保证生产过程的安全性和经济性有着十分重要的意义。

测量温度的设备很多,按其测量方法来分,主要有接触式测温仪表和非接触式测温仪表。化工实验室多数情况下都是采用接触式测温仪表。根据接触式测温仪表的测温方法不同,又分为很多种类,如膨胀式温度计、热电阻式温度计、热电偶式温度计等。近年来,随着技术水平的不断进步,测温的方法仍在不断地增加。本节主要简要介绍利用热电偶温度计和热电阻温度计测温的方法。

3.3.1　热电偶温度计

热电偶是应用最广泛的温度测量元件。热电偶温度计具有结构简单、适用温度范围广、使用方便、抗干扰能力强等优点。它既可用于流体温度测量,也可用于固体温度测量;既可测量静态温度也可测量动态温度。如在化工传热实验中对冷、热流体以及壁温的测定，采用的就是热电偶温度计。其缺点是信号输出灵敏度比较低，不适合测量微小的温度变化。

（1）热电偶温度计的测温原理

热电偶测温原理是基于热电效应。将两种不同材料的导体 A、B 组成一个闭合回路，当导体两个接点的温度不同时，则在其回路中有感生电动势产生，这个物理现象就称为热电效应或塞贝克效应。A、B 称为热偶丝或称热电极，用来测温的一端称为工作端或热端，另一端称为自由端或冷端，产生的电动势称为热电势。此热电势由温差电势和接触电势两部分组成（如图 3-8 所示）。

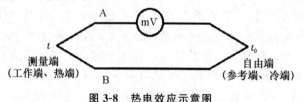

图 3-8　热电效应示意图

①温差电势。

温差电势又称为汤姆逊电势，是由于同一根导体两端温度不同而产生的热电动势。对于同一电极，设 $t > t_0$，则 t 端（热端）的电子因受热具有更大的动能向 t_0 端（冷端）扩散从而产生电场，当电场作用和扩散作用动态平衡时，就产生了温差电势，此时热端因失去电子带正电，冷端因得到电子带负电，如图 3-9 所示。

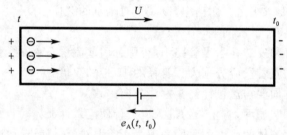

图 3-9　温差电势的产生

$e_A(t, t_0)$ 称为温差电势。温差电势可表示为：

$$e_A(t, t_0) = \frac{K}{e} \int_{t_0}^{t} \frac{1}{N_A} d(N_A \cdot t) \tag{3-8}$$

式中，e 为单位电势，4.802×10^{-10} 绝对静电单位；K 为玻尔兹曼常数，1.38×10^{-23} J/K；N_A 为电子密度，是温度的函数。

由上式可看出，$e_A(t, t_0)$ 的大小取决于两端温差和电子密度。为了表达方便，$e_A(t, t_0)$ 可表示为：$e_A(t, t_0) = \psi(t) - \psi(t_0)$，其中 $\psi(t)$ 与材料和温度有关。

②接触电势。

接触电势又称波尔电势，是由于两种材料电子密度不同而产生的。当自由电子密度不同的 A、B 导体接触时，若 A 导体比 B 导体有更大的自由电子密度，即 $N_A > N_B$，则由于扩散作用，在同一瞬间，由 A 导体扩散到 B 导体中去的电子将比从 B 导体扩散到 A 导体中去的多，从而 A 导体带正电荷，B 导体带负电荷，形成一个电场。电场将使电子反向转移，当电场作用和扩散作用达到动态平衡时，在两导体间就产生了接触电势，如图 3-10 所示。

$e_{AB}(t)$ 为接触电势，可表示为：

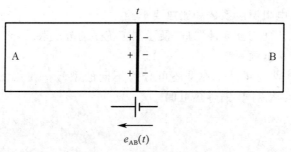

图 3-10　接触电势的产生

$$e_{AB}(t) = \frac{KT}{e} \ln \frac{N_{At}}{N_{Bt}} \tag{3-9}$$

由上式可看出,接触电势的大小与接触处温度的高低和导体种类有关。接触处温度越高,接触电势越大。

将温差电势和接触电势进行加和可获得热电偶的热电势,热电势用 $E_{AB}(t, t_0)$ 表示。

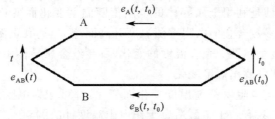

图 3-11　热电势的产生

如图 3-11 所示,设 $t > t_0$,$N_A > N_B$,按顺时针方向取向,则热电偶的热电势为:

$$
\begin{aligned}
E_{AB}(t, t_0) &= e_{AB}(t) + e_B(t, t_0) - e_{AB}(t_0) - e_A(t, t_0) \\
&= e_{AB}(t) + \psi_B(t) - \psi_B(t_0) - e_{AB}(t_0) - \psi_A(t) + \psi_A(t_0) \\
&= [e_{AB}(t) - \psi_A(t) + \psi_B(t)] - [e_{AB}(t_0) - \psi_A(t_0) + \psi_B(t_0)] \\
&= f_{AB}(t) - f_{AB}(t_0)
\end{aligned} \tag{3-10}
$$

$f_{AB}(t)$ 与材料 A、B 的性质以及热端温度 t 有关;$f_{AB}(t_0)$ 与材料 A、B 的性质以及冷端温度 t_0 有关。当材料确定后,两者只与 t、t_0 有关,即热电势 $E_{AB}(t, t_0)$ 只与冷、热端的温度有关。在实际测定中,一般保持冷端的温度恒定,如将热电偶的冷端插入冰水槽中,则这时 $f_{AB}(t_0)$ 可记为常数 C,因此热电势仅与热端的温度 t 有关,即:

$$E_{AB}(t, t_0) = f_{AB}(t) - C \tag{3-11}$$

所以只要测出热电势 $E_{AB}(t, t_0)$ 就可以求出温度 t 的数值,热电偶就是基于该原理来测定温度的。

(2)制作热电偶温度计的材料要求

虽然理论上任意两种导体(或半导体)都可以配制成热电偶,但实际上,并不是所有的材料都适宜制作成热电偶,作为实用的测温元件。制作热电偶温度计的材料的要求主要有以下几个方面:

①配制成的热电偶应有较大的热电势和热电势率,并且其热电势与温度之间存在较好的线性关系或近似线性关系的单值函数关系。

②能在较宽的温度范围内应用,并且长期工作后其理化性能与热电特性都比较稳定。

③电导率要高,电阻温度系数和比热要小。

④易于复制,工艺性与互换性要好,便于制定统一的分度表。

⑤资源丰富,价格低廉。

热电偶的种类非常多,同一种类还可分为不同的型号。在化工中,比较常用的有铂-铂铑、镍铬-镍硅以及铜-康铜等热电偶。

3.3.2 热电阻温度计

热电阻温度计是另一类用途极广的测温仪器。它是利用金属导体或半导体的电阻值随温度的变化特征来进行测温的,具有准确度高、输出信号强、灵敏度高、测量范围广、稳定性好、不需要参考温度点等优点。但其缺点是抗机械冲击性差、元件结构复杂、尺寸较大、热响应时间长、不能用来测定"点"的温度。根据热电阻温度计采用的热敏元件不同,可将其分为金属丝电阻温度计和热敏(半导体)电阻温度计两种。

(1)金属丝电阻温度计

金属丝电阻温度计是利用金属导体的电阻值随温度变化而变化的特性来进行温度测量的。一般金属及多数合金的电阻率随温度升高而增大,具有正温度系数。在一定温度范围内,电阻与温度呈线性关系。温度的变化,可导致金属导体阻值的改变,据此只要测出电阻值的变化,即可测出温度变化。

原则上很多金属的电阻率都随温度变化而变化,都可作为电阻温度计的材料,但由于各方面因素的影响,只有若干金属适合于作电阻温度计的测温元件。可作电阻温度计测温元件的金属材料需要满足如下条件:

一是为了使电阻和温度之间关系稳定,重复性好,要求在使用的温度范围内材料的物理和化学性质稳定。

二是电阻温度系数要大,这样才会有较高的灵敏度。

三是电阻率要大,使敏感元件可以小型化。

四是电阻与温度必须单值对应,电阻与温度的线性关系要好。

五是材料要易于提纯,要能分批复制而不改变其性能,有良好的互换性。

大量研究发现,适宜作测温元件的金属有铂(Pt)、铜(Cu)、镍(Ni)、钨(W)等,其中以铂最好,其次是铜。

①铂热电阻温度计。

铂作为热电阻的感温元件有很多优点:铂的物理性质和化学性质稳定,即使在高温下也不宜被氧化,除还原性介质外不与介质作用;铂的温度系数大,电阻率也较大,其阻值与温度关系近似线性,而且易于提纯,可达很高的纯度。

普通铂热电阻温度计结构如图 3-12 所示。感温元件由直径为 0.03 mm～0.07 mm 的纯铂丝 2 绕在有锯齿的云母骨架 3 上构成,再用两根直径为 0.5 mm～1.4 mm 的银导线 4 引出,与显示仪表 5 连接。当感温元件上铂丝受到温度作用时,其阻值会发生相应变化,将变化的阻值作为信号输入电桥回路的显示仪表(或调节器和其他仪表)时,就能测量(或调节)被测介质的温度。

铂热电阻温度计一般的使用范围是 -200 ℃～850 ℃,其电阻和温度关系分成两个温度范围来描述。在温度范围为 -200 ℃～0 ℃时:

$$R_t = R_0 \left[1 + At + Bt^2 + Ct^3 (t-100) \right] \qquad (3\text{-}12)$$

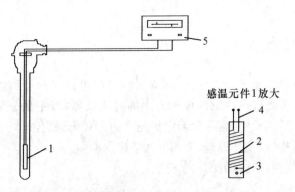

图 3-12　普通铂热电阻温度计结构示意图

1—感温元件;2—铂丝;3—骨架;4—引入线;5—显示仪表

在温度范围为 0 ℃~850 ℃时:

$$R_t = R_0(1 + At + Bt^2) \tag{3-13}$$

式中,R_0 为温度为 0 ℃时铂电阻的电阻值,Ω;R_t 为温度为 t ℃时铂电阻的电阻值,Ω;t 为被测温度,℃;A、B、C 为常数,$A = 3.908\ 3 \times 10^{-3}$ ℃$^{-1}$、$B = -5.775 \times 10^{-7}$ ℃$^{-2}$、$C = -4.183 \times 10^{-12}$ ℃$^{-4}$。

目前工业常用的铂电阻为 Pt100,即其 R_0 为 100 Ω。

②铜热电阻温度计。

铜热电阻温度计的使用温度范围为 -50 ℃~150 ℃,在此温度范围内铜热电阻与温度的关系为:

$$R_t = R_0[1 + \alpha t + \beta t(t - 100) + \gamma t^2(t - 100)] \tag{3-14}$$

式中,α、β、γ 为常数,$\alpha = 4.280 \times 10^{-3}$ ℃$^{-1}$、$\beta = -9.31 \times 10^{-8}$ ℃$^{-2}$、$\gamma = 1.23 \times 10^{-9}$ ℃$^{-3}$。

铜热电阻温度计的优点是电阻温度系数比较大,高纯度的铜丝容易提炼,并且价格便宜,互换性好。但由于铜在 250 ℃以上易氧化,因此使用温度不能很高。工业上常用的分度号为 Cu50 和 Cu100。

(2)热敏(半导体)电阻温度计

热敏电阻与金属导体的热电阻不同,是一种半导体热敏感元件。热敏电阻是在锰、镍、钴、铁、铝等金属的氧化物中加入其他化合物,按适当比例烧结而成。多数热敏电阻具有负电阻温度系数,且呈明显非线性关系。半导体中即使有不到百万分之一的杂质也会引起温度系数的显著变化,所以对热敏电阻材料选择和加工纯度的要求都十分苛刻。

热敏电阻通常被制成小热容量的球形、盘形或片形,封在充气或抽真空的玻璃壳或搪瓷壳中。当温度变化相同时,热敏电阻的阻值变化约为铂电阻的 10 倍,因此热敏电阻可用来测量更小的温度差。除此以外,与一般的热电阻相比,热敏电阻还具有如下优点:

①电阻温度系数绝对值大,灵敏度高,测量线路简单。

②体积小、重量轻、热惯性小,对温度变化反应较快、热容量小及目标小的场合比较适用。

③电阻值大,引线电阻影响小,适宜于远距离测量。

④制作简单、寿命长、价格便宜。

但其缺点是其电阻值变化的非线性度大,稳定性和重现性差,而且除高温热敏电阻外,不能用于350 ℃以上的高温。

3.4 折光率的测量

折光率是物质的重要光学常数之一,通过折光率可以了解待测物质的光学性能、纯度和浓度等。阿贝折光仪是测定液体折光率的常用仪器,可定量分析液体组成,鉴定液体纯度。在化工原理实验中,常采用测定折光率的方式来确定液体组成。下面简要介绍一下阿贝折光仪的构造、工作原理、使用方法及注意事项。

(1)阿贝折光仪的构造(如图 3-13 所示)

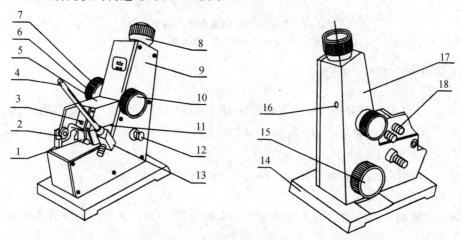

图 3-13 阿贝折光仪结构图

1—反射镜;2—转轴;3—遮光板;4—温度计;5—进光棱镜座;6—色散调节手轮;

7—色散值刻度圈;8—目镜;9—盖板;10—手轮;11—折射棱镜座;12—照明刻度盘镜;

13—温度计座;14—底座;15—刻度调节手轮;16—小孔;17—壳体;18—恒温器接头

测量时,打开遮光板 3,光线进入进光棱镜 5,经进光棱镜 5、折射棱镜 11 以及其间的样液薄层折射后射出,再经色散补偿器 6 消除由折射棱镜及被测样品所产生的色散,然后经目镜 8 放大后成像于观测者眼中。

(2)阿贝折光仪的测量原理

当光从一种介质进入到另一种介质时,在两种介质的分界面上,会发生反射和折射现象,如图 3-14 所示。在折射现象中有:

$$n_1 \sin\theta_1 = n_2 \sin\theta_2 \tag{3-15}$$

显然,若 $n_1 > n_2$,则 $\theta_1 < \theta_2$。其中绝对折射率较大的介质称为光密介质,较小的称为光疏介质。当光线从光密介质 n_1 进入光疏介质 n_2 时,折射角 θ_2 恒大于入射角 θ_1,且 θ_2 随 θ_1 的增大而增大,当入射角 θ_1 增大到某一数值 θ_0 而使 $\theta_2 = 90°$ 时,则发生全反射现象。此时的入射角 θ_0 称为临界角。

阿贝折光仪就是根据全反射原理制成的。其主要部分是由一直角进光棱镜 ABC 和另一直角折光棱镜 DEF 组成,在两棱镜间放入待测液体,如图 3-15(a)所示。进光棱镜的一个表面 AB 为磨砂面,从反光镜 M 射入进光棱镜的光照亮了整个磨砂面,由于磨砂面的漫反射,液层内有各种不同方向的入射光。

假设入射光为单色光,图中入射光线 AO(入射点 O 实际是在靠近 E 点处)的入射角

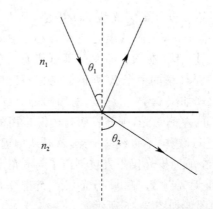

图 3-14　光在两种介质的分界面上的反射和折射现象

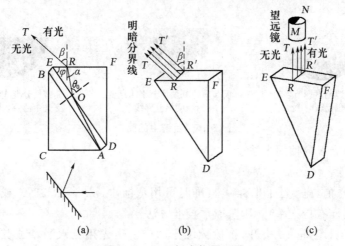

(a)　　　　　　(b)　　　　　　(c)

图 3-15　阿贝折光仪原理图

为最大,由于液层很薄,这个最大入射角非常接近直角。设待测液体的折射率 n_2 小于折光棱镜的折射率 n_1,则在待测液体与折光棱镜界面上入射光线 AO 和法线的夹角近似 $90°$,而折射光线 OR 和法线的夹角为 θ_0,由光路的可逆性可知,此折射角 θ_0 即为临界角。

根据折射定律,即:

$$n_2 = n_1 \sin\theta_0 \tag{3-16}$$

可见临界角 θ_0 的大小取决于待测液体的折射率 n_2 及折光棱镜的折射率 n_1。当 OR 光线射出折射棱镜进入空气(其折射率 $n=1$)时,又要发生一次折射,设此时的入射角为 α,折射角为 β(或称出射角),则根据折射定律得:

$$n_1 \sin\alpha = \sin\beta \tag{3-17}$$

根据三角形的外角等于不相邻两内角之和的几何原理,由 $\triangle ORE$,得:

$$(\theta_0 + 90°) = (\alpha + 90°) + \varphi \tag{3-18}$$

解得:

$$n_2 = \sin\varphi \sqrt{n_1^2 - \sin^2\beta} + \sin\beta\cos\varphi \tag{3-19}$$

式中,棱镜的棱角 φ 和折射率 n_1 均为定值,因此用阿贝折光仪测出 β 角后,就可算出液体的折射率 n_2。

在所有入射到折射棱镜 DE 面的入射光线中,光线 AO 的入射角等于 $90°$ 已经达到了最大的极限值,因此其出射角 β 也是出射光线的极限值,凡入射光线的入射角小于 $90°$,在折射棱镜中的折射角必小于 θ_0,从而其出射角也必小于 β。由此可见,以 RT 为分界线,在 RT 的右侧可以有出射光线,在 RT 的左侧不可能有出射光线,见图 3-15(a)。必须指出图 3-15(a)所示的只是棱镜的一个纵截面,若考虑折射棱镜整体,光线在整个折射棱镜中传播的情况,就会出现如图 3-15(b)所示的明暗分界面 $RR'T'T$。在 $RR'T'T$ 面的右侧有光,在 $RR'T'T$ 面的左侧无光,则分界面与棱镜顶面的法线成 β 角,当转动棱镜 β 角后,使明暗分界面通过望远镜中十字线的交点,这时从望远镜中可看到半明半暗的视场,如图 3-15(c)所示。因在阿贝折光仪中直接刻出了与 β 角所对应的折射率,所以使用时可从仪器上直接读数而无需计算,阿贝折光仪对折射率的测量范围是 $1.300\ 0 \sim 1.700\ 0$。目镜中光测到的图像如图 3-16 所示。

未调节右边刻度调节手轮前   调节右边刻度调节手轮直至   调节使分界线经过十字
颜色比较分散   出现明显分界线   交叉中心点,即可读数

图 3-16　目镜中的图像

(3)阿贝折光仪的使用方法

①校准仪器。

仪器在测量前,先要进行校准。校准时可用蒸馏水($n_D^{20} = 1.333\ 0$)或标准玻璃块进行(标准玻璃块标有折光率)。用蒸馏水校准方法:

a. 将棱镜锁紧手轮 10 松开,将棱镜擦干净(注意:先用无水酒精或其他易挥发溶剂清洗,后用镜头纸擦干)。

b. 用滴管将 2~3 滴蒸馏水滴入两棱镜中间,合上并锁紧。

c. 调节刻度调节手轮 15,直至从测量镜筒中观察到黑白分界线与十字交叉中心点重合。若视场中出现色散,可调节色散调节手轮 6 至色散消失。

②测定待测混合液体的折光率。

a. 将进光棱镜和折光棱镜擦干净。

b. 滴 2~3 滴待测液体在进光棱镜的磨砂面上,并锁紧。

c. 与上述步骤①中 c 相同的调节方法使黑白分界线与十字交叉中心点重合。

d. 从目镜中读出待测液体的折光率 n,重复测量三次,求折光率的平均值。

(4)阿贝折光仪使用时的注意事项

①阿贝棱镜质地较软,用滴管加液体时,不能让滴管碰到棱镜面上,以免划伤。

②并合棱镜时,应防止待测液层中存在气泡。

③实验前,应先用蒸馏水或标准玻璃块来校正阿贝折光仪的读数。

④测固体折光率时,接触液溴代萘的用量要适当,不能涂得太多,过多则待测玻璃或固体容易因滑下而损坏。

⑤实验完成后,应用清洁液(如乙醚、乙醇等易挥发的液体)擦洗棱镜并用镜头纸擦干,整理放妥。

实验部分

第4章 化工原理基础实验

实验1 雷诺实验

一、实验目的

1. 观察层流和紊流的流态及其转换特征。
2. 通过临界雷诺数的测量,掌握圆管流态判别准则。
3. 学习在流体力学中应用无量纲参数进行实验研究的方法,并了解其使用意义。

二、实验原理

实际流体的流动会呈现出两种不同的型态:层流和紊流,它们的区别在于流动过程中流体层之间是否发生混掺现象。在紊流流动中存在随机变化的脉动量,在层流流动中则没有,如图 4-1-1 所示。

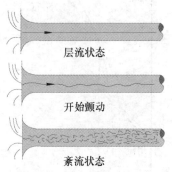

层流状态

开始颤动

紊流状态

图 4-1-1 两种流态示意图

圆管中恒定流动的流态转化取决于雷诺数。雷诺(Reynold)做了一系列经典实验,根据大量的实验资料,将影响流体流动状态的因素归纳成一个无因次数,称为雷诺数 Re,作为判别流体流动状态的准则。

$$Re = \frac{ud}{\gamma}$$

式中,u 为流体断面平均流速,cm/s;d 为圆管直径,cm;γ 为流体的运动黏度,cm^2/s。

在本实验中,流体是水。水的运动黏度与温度的关系可用泊肃叶和斯托克斯提出的经验公式计算:

$$\gamma = \frac{0.017\,8}{1 + 0.033\,7t + 0.000\,221t^2}$$

式中,γ 为水在 t ℃时的运动黏度,cm^2/s;t 为水的温度,℃。

判别流体流动状态的关键因素是临界速度。临界速度随流体的黏度、密度以及流道的尺寸不同而改变。流体从层流到紊流的过渡时的速度称为上临界流速,从紊流到层流的过渡时的速度称为下临界流速。

圆管中定常流动的流态发生转化时对应的雷诺数称为临界雷诺数,对应于上、下临界速度的雷诺数,称为上临界雷诺数和下临界雷诺数。上临界雷诺数表示超过此雷诺数的流动必为紊流,它很不好确定,有一个较大的取值范围,而且极不稳定,只要稍有干扰,流态即发生变化。上临界雷诺数常随实验环境、流动的起始状态不同而有所不同。因此,上临界雷诺数在工程技术中没有实际意义。有实际意义的是下临界雷诺数,它表示低于此雷诺数的流动必为层流。通常以它作为判别流动状态的准则,即 $Re < 2\ 320$ 时,为层流;$Re > 2\ 320$ 时,为紊流。该值是圆形光滑管或近于光滑管的数值,工程实际操作过程中一般取 $Re = 2\ 000$。

实际流体的流动之所以会呈现出两种不同的型态是扰动因素与黏性稳定作用之间对比和抗衡的结果。针对圆管中定常流动的情况,容易理解:减小 d、减小 u、加大 r 三种途径都是有利于流动稳定的。综合起来看,小雷诺数流动趋于稳定,而大雷诺数流动稳定性差,容易发生紊流现象。

由于两种流态的流场结构和动力特性存在很大的区别,圆管中恒定流动的流态为层流时,沿程水头损失与平均流速成正比,而紊流时则与平均流速的 $1.75 \sim 2.0$ 次方成正比,如图 4-1-2 所示。

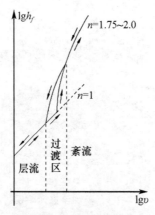

图 4-1-2　两种流态曲线

通过对相同流量下圆管层流和紊流流动的断面流速分布做比较,可以看出层流流速分布呈旋转抛物面,而紊流流速分布则比较均匀,壁面流速梯度和切应力都比层流时大,如图 4-1-3 所示。

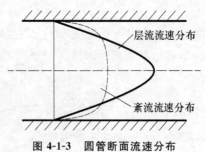

图 4-1-3　圆管断面流速分布

三、实验装置

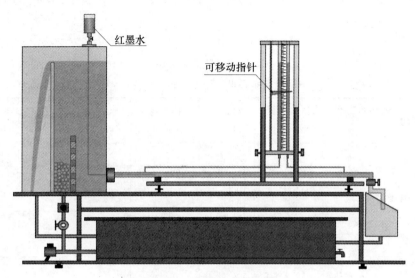

红墨水

可移动指针

图 4-1-4　雷诺实验装置图

四、实验方法

1. 记录本实验的有关常数(标记于恒压水箱正面)

2. 观察两种流态

打开开关,使水箱充水至溢流水位。水位稳定后,微微开启流量调节阀,并注入带颜色的水(简称颜色水)于实验管内,使颜色水流成一直线。通过颜色水质点的运动观察管内水流的层流流态,然后逐步开大流量调节阀,通过颜色水直线的变化情况观察层流转变到紊流的水力特征。

3. 测定下临界雷诺数

(1)将流量调节阀打开,使管道中流体呈完全紊流,再逐步调小流量调节阀,使流量减小。当流量调节到使颜色水在全管内刚呈现出一稳定直线时,即为下临界状态。

(2)待管中出现临界状态时,用体积法或电测法测定流量。

(3)根据所测流量计算下临界雷诺数,并与公认值(2 320)比较,偏离过大,则需重测。

(4)重新打开流量调节阀,使其形成完全紊流,按照上述步骤重复测量不少于 3 次。

(5)同时用水箱中的温度计测量记录水温,从而求得水的运动黏度。

4. 测定上临界雷诺数

逐步开启流量调节阀,使管中水流由层流过渡到紊流,当颜色水直线刚开始散开时,即为上临界状态,测定上临界雷诺数 1~2 次。

五、实验注意事项

1. 注意保持实验环境的安定,实验时一定要待水流恒定后才能开始测量数据。

2. 随着出水量的减小,应适当调小调速器开关(右旋),以减小溢流量引发的扰动。每调节流量调节阀门 1 次,均需等待稳定几分钟。

3.注意爱护秒表等仪器设备。

4.实验结束后,将上游阀门关闭,关阀门过程中,只允许逐渐减小,不允许开大。

六、实验结果

表 4-1-1　数据记录表

(仪器编号:___,管内径 $d=$___cm,水箱断面积 $A=$___ cm^2,水温 $t=$___℃,运动黏度 $\gamma=$___ cm^2/s)

项目	测次	测管高程 $\bigtriangledown_1$(cm)	测管高程 $\bigtriangledown_2$(cm)	时间 t (s)	体积 V (cm^3/s)	断面流速 u (cm/s)	雷诺数 Re	h_f (cm)
上临界雷诺数	1							
	2							
	3							
	4							
	5							
	6							
下临界雷诺数	7							
	8							
	9							
	10							
	11							
	12							

七、思考题

1.为什么本实验要特别强调实验环境安定的重要性?

2.流态判定依据为什么采用无量纲参数,而不采用临界流速?

3.在工程中为什么认为上临界雷诺数没有实际意义,而采用下临界雷诺数作为流态的判别标准?

4.雷诺实验得到的圆管中的下临界雷诺数是 2 320,而工程设计中常采用的是 2 000,原因何在?

实验 2　伯努利实验

一、实验目的

1. 通过实验观察流体流动时各种形式机械能的相互转化现象。

2. 通过实验验证不可压缩流体的机械能衡算方程(伯努利方程)。

二、实验原理

对于不可压缩流体,在导管内作稳态流动,系统与环境又无功的交换时,若以单位质量流体为衡算基准,则对确定的系统即可列出机械能衡算方程:

$$z_1 g + \frac{p_1}{\rho} + \frac{u_1^2}{2} = z_2 g + \frac{p_2}{\rho} + \frac{u_2^2}{2} + \sum h_f \qquad (4\text{-}2\text{-}1)$$

若以单位重量流体为衡算基准时,则又可表示为:

$$z_1 + \frac{p_1}{\rho g} + \frac{u_1^2}{2g} = z_2 + \frac{p_2}{\rho g} + \frac{u_2^2}{2g} + \sum H_f \qquad (4\text{-}2\text{-}2)$$

式中,z 为位压头,m 液柱;p 为压力,Pa;u 为平均流速,m/s;ρ 为密度,kg/m^3;$\sum h_f$ 为能量损失,J/kg;$\sum H_f$ 为压头损失,m 液柱。下标 1 和 2 分别为系统的进口和出口两个截面。

不可压缩流体的机械能衡算方程应用于各种具体情况下可作适当简化,例如:

(1)当流体为理想液体时,式(4-2-1)和式(4-2-2)可简化为伯努利方程:

$$z_1 g + \frac{p_1}{\rho} + \frac{u_1^2}{2} = z_2 g + \frac{p_2}{\rho} + \frac{u_2^2}{2} \qquad (4\text{-}2\text{-}3)$$

$$z_1 + \frac{p_1}{\rho g} + \frac{u_1^2}{2g} = z_2 + \frac{p_2}{\rho g} + \frac{u_2^2}{2g} \qquad (4\text{-}2\text{-}4)$$

(2)当液体流经的系统为一水平装置的管道时,则式(4-2-1)和式(4-2-2)又可简化为:

$$\frac{p_1}{\rho} + \frac{u_1^2}{2} = \frac{p_2}{\rho} + \frac{u_2^2}{2} + \sum h_f \qquad (4\text{-}2\text{-}5)$$

$$\frac{p_1}{\rho g} + \frac{u_1^2}{2g} = \frac{p_2}{\rho g} + \frac{u_2^2}{2g} + \sum H_f \qquad (4\text{-}2\text{-}6)$$

(3)当流体处于静止状态时,则式(4-2-1)和式(4-2-2)又可简化为:

$$z_1 g + \frac{p_1}{\rho} = z_2 g + \frac{p_2}{\rho} \qquad (4\text{-}2\text{-}7)$$

$$z_1 + \frac{p_1}{\rho g} = z_2 + \frac{p_2}{\rho g} \qquad (4\text{-}2\text{-}8)$$

或者可将上式改写为流体静力学基本方程:

$$p_2 - p_1 = \rho g (z_1 - z_2) \qquad (4\text{-}2\text{-}9)$$

三、实验装置

本实验装置主要由试验导管、稳压溢流水槽和三对测压管组成。

试验导管为一水平装变径圆管,沿程分三处设置测压管。每处测压管由一对并列的测压管组成,分别测量该截面处的静压头和冲压头。

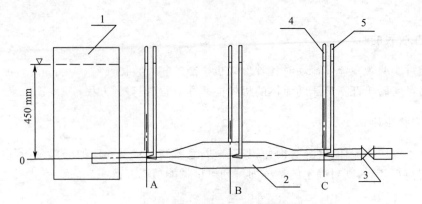

图 4-2-1 伯努利实验装置图
1—稳压水槽;2—试验导管;3—出口调节阀;4—静压头测量管;5—冲压头测量管

如图 4-2-1 所示,液体由稳压水槽流入试验导管,途经直径分别为 20 mm、30 mm 和 20 mm 的管子,最后排出设备。流体流量由出口调节阀调节,流量可由即时称量测定。

四、实验方法

实验前,先缓慢开启进水阀,充满稳压溢流水槽,并保持有适量溢流水流出,使槽内液面平稳不变,然后设法排尽设备内的气泡。

实验按如下步骤进行:

(1)关闭试验导管出口调节阀,观察和测量液体处于静止状态下各测试点(A、B 和 C 三点)的压强。

(2)开启试验导管出口调节阀,观察比较液体在流动情况下的各测试点的压头变化。

(3)缓慢开启试验导管的出口调节阀,测量流体在不同流量下的各测试点的静压头、动压头和压头损失。

五、实验注意事项

1.实验前一定要将试验导管和测压管中的气泡排除干净,否则会干扰实验现象和测量的准确性。

2.开启进水阀向稳压水槽注水,或开启试验导管出口调节阀时,一定要缓慢地调节开启程度,并随时注意设备内的变化。

3.实验过程中需根据测压管量程范围来确定流体的最小和最大流量。

4.为了便于观察测压管的液柱高度,可在临实验测定前,向各测压管滴入几滴红墨水。

六、实验结果

1.测量并记录实验设备基本参数

流体种类：

试验导管内径：$d_A=$ ___ mm

$d_B=$ ___ mm

$d_C=$ ___ mm

实验系统的总压：$H=$ ___ kPa

2.流体静止的机械能分布及其转换

（1）实验数据记录

表 4-2-1　流体静止的伯努利实验数据记录表

（温度 $t=$___℃，密度 $\rho=$___ kg/m³，$g=$___ m/s²，流量 $q_V=$___ m³/s）

实验		1
静压头	$p_{A(表)}/\rho g$（mmH₂O）	
	$p_{B(表)}/\rho g$（mmH₂O）	
	$p_{C(表)}/\rho g$（mmH₂O）	
动压头	$u_A^2/2g$（mmH₂O）	
	$u_B^2/2g$（mmH₂O）	
	$u_C^2/2g$（mmH₂O）	
压头损失	$\sum H_{f1-A}$（mmH₂O）	
	$\sum H_{f1-B}$（mmH₂O）	
	$\sum H_{f1-C}$（mmH₂O）	

（2）验证流体静力学方程

3.流体流动的机械能分布及其转换

（1）实验数据记录

表 4-2-2　流体流动的伯努利实验数据记录表

（温度 $t=$___℃，密度 $\rho=$___ kg/m³，$g=$___ m/s²）

流量（m³/s）		1	2	3
静压头	$p_{A(表)}/\rho g$（mmH₂O）			
	$p_{B(表)}/\rho g$（mmH₂O）			
	$p_{C(表)}/\rho g$（mmH₂O）			
动压头	$u_A^2/2g$（mmH₂O）			
	$u_B^2/2g$（mmH₂O）			
	$u_C^2/2g$（mmH₂O）			
压头损失	$\sum H_{f1-A}$（mmH₂O）			
	$\sum H_{f1-B}$（mmH₂O）			
	$\sum H_{f1-C}$（mmH₂O）			

（2）验证流动流体的机械能衡算方程

七、思考题

1. 伯努利实验中，随着流量越来越大，A 点的压头损失将如何变化？

2. 伯努利实验中，同一流量下，比较 A、B、C 三点动压头、压头损失的大小，试分析其原因。

实验 3　离心泵实验

一、实验目的

1. 了解离心泵的结构,掌握离心泵的操作、调节技能及其安装要求。
2. 掌握离心泵在一定转速下特定曲线的测定方法。
3. 掌握离心泵特性曲线在最高效率点上的实际意义。

二、实验原理

离心泵主要性能参数有流量、扬程、功率和效率。这些参数不仅表征泵的性能,也是选择和正确使用泵的主要依据。

1. 泵的流量

泵的流量即泵的送液能力,是指单位时间内泵所排出的液体体积。泵的流量可直接由一定时间 t 内排出液体的体积 V 或质量 m 来测定,即:

$$q_V = \frac{V}{t} \tag{4-3-1}$$

或

$$q_V = \frac{q_m}{\rho} = \frac{m}{\rho t} \tag{4-3-2}$$

若泵的输送系统中安装有经过标定的流量计,泵的流量也可由流量计测定。当系统中装有孔板流量计时,流量大小由压差计显示,流量 q_V 与倒置 U 形管压差计读数 R 之间存在如下关系:

$$q_V = C_0 A_0 \sqrt{2gR} \tag{4-3-3}$$

式中,q_V 为泵的流量,$\mathrm{m^3/s}$;C_0 为孔板流量系数,0.67;A_0 为孔板的锐孔面积,$\mathrm{m^2}$。

2. 泵的扬程

若以泵的压出管路中装有压力表处为 B 截面,以吸入管路中装有真空表处为 A 截面,并在此两截面之间列机械能衡算式,则可得出泵扬程 H 的计算公式:

$$H = h_0 + \frac{p_M - p_V}{\rho g} + \frac{u_B^2 - u_A^2}{2g} + \sum H_f \tag{4-3-4}$$

式中,H 为扬程,m;p_M 为由压力表测得的表压,Pa;p_V 为由真空表测得的真空度,Pa;h_0 为 A、B 两个截面之间的垂直距离,m;u_A 为 A 截面处的液体流速,m/s;u_B 为 B 截面处的液体流速,m/s;ρ 为输送液体的密度,$\mathrm{kg/m^3}$。

3. 泵的功率

在单位时间内,液体从泵中实际所获得的功率,即为泵的有效功率 N_e,单位为 W。

$$N_e = q_V H \rho g \tag{4-3-5}$$

泵轴的实际功率不可能全部为被输送液体所获得,其中部分消耗于泵内的各种能量损失。电机所消耗的功率又大于泵轴的实际功率。电机所消耗的功率可直接由输入电压 U 和电流 I 测得,近似为泵的轴功率 N,单位为 W。

$$N = UI \tag{4-3-6}$$

4. 泵的总效率

泵的总效率可由测得的泵的有效功率和电机实际消耗的功率计算得出,即:

$$\eta = \frac{N_e}{N} \tag{4-3-7}$$

这时得到的泵的总效率除了泵的效率外,还包括传动效率和电机的效率。

5. 泵的特性曲线

上述各项泵的性能参数并不是孤立的,而是相互制约的。因此,为了准确全面地表征离心泵的性能,需在一定转速下,将实验测得的各项参数(H、N、η 与 q_V)之间的变化关系标绘成一组曲线。这组关系曲线称为离心泵特性曲线,如图 4-3-1 所示。离心泵特性曲线是对离心泵的操作性能的完整呈现,并由此可确定泵的最适宜操作状态。

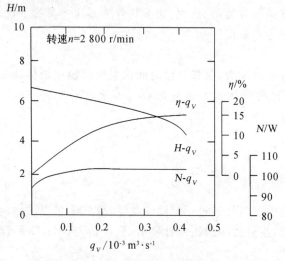

图 4-3-1 离心泵特性曲线

离心泵通常是在恒定转速下运转的,因此泵的特性曲线是在一定转速下测得的。若改变了转速,泵的特性曲线也将随之改变。当转速由 n_1 变为 n_2 时,泵的流量 q_V、扬程 H 和轴功率 N 与转速 n 之间存在如下比例关系:

$$\frac{q_{V2}}{q_{V1}} = \frac{n_2}{n_1}; \quad \frac{H_2}{H_1} = \frac{n_2^2}{n_1^2}; \quad \frac{N_2}{N_1} = \frac{n_2^3}{n_1^3} \tag{4-3-8}$$

三、实验装置

本实验装置主体设备为一台单级单吸离心水泵。为了便于观察,泵壳端盖用透明材料制成。电动机直接连接半敞式叶轮。离心泵与循环水槽、分水槽和各种测量仪表构成一个测试系统。实验装置及其流程如图 4-3-2 所示。

泵将循环水槽中的水通过吸入导管吸入泵体,在吸入导管上端装有真空表,下端装有底阀(单向阀)。底阀的作用是当注水槽向泵体内注水时,防止水的漏出。

水由泵的出口进入压出导管。压出导管沿程装有压力表、调节阀和孔板流量计。由压出导管流出的水随转向弯管送入分流槽。分流槽分为两格,其中一格的水可流出用以计量,另一格的水可流回循环水槽,根据实验内容不同可用转向弯管进行分水槽使用情况的切换。

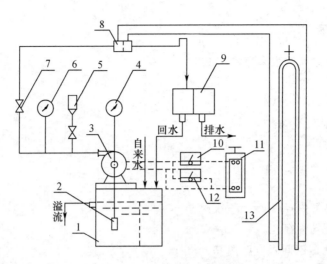

图 4-3-2 离心泵实验装置图

1—循环水槽;2—底阀;3—离心泵;4—真空表;5—注水槽;6—压力表;7—调节阀;
8—孔板流量计;9—分流槽;10—电流表;11—调压变压器;12—电压表;13—倒置 U 形压差计管

四、实验方法

在离心泵性能测定前,按下列步骤进行启动操作:

(1)充水。打开注水槽下的阀门,将水灌入泵内。在灌水过程中,需打开调节阀,将泵内空气排除。当从透明端盖中观察到泵内已灌满水后,将注水阀门关闭。

(2)启动。启动前,先确认泵出口调节阀关闭,变压器调回零点,然后合闸接通电源,缓慢调节变压器至额定电压(220 V),泵即随之启动。

(3)运行。泵启动后,叶轮旋转无振动和噪声,电压表、电流表、压力表和真空表指示稳定,则表明运行已经正常,即可投入实验。

实验时,逐渐分步调节出口调节阀。每调定一次阀的开启度,待状况稳定后,即可进行以下测量:

(1)将出水转向弯头由分水槽的回流格拨向排水格的同时,用秒表计取时间,用容器获取一定时间内排出的水量,然后用称量或量取体积的方法测定水的体积流率(这时要接好循环水槽的自来水水源)。

(2)从压力表和真空表上读取表压和真空度的数值。

(3)记录孔板流量计的压差计读数。

(4)从电压表和电流表上读取电压和电流的数值。

实验完毕,应先将泵出口调节阀关闭,再将调压变压器调回零点,最后再切断电源。

五、实验注意事项

1.实验开始时应先充水,以排净离心泵中的空气。

2.泵启动前和实验完毕后,均应先关闭泵出口调节阀。

六、实验结果

1. 测量并记录实验设备基本参数

(1) 离心泵

  轴功率：$N=$ W

  流量：$q_V=$ m^3/s

  扬程：$H=$ m

  转速：$n=$ r/min

(2) 管道

  吸入导管内径：$d_1=$ m

  压出导管内径：$d_2=$ m

  A、B 两截面间垂直距离：$h_0\approx$ m

(3) 孔板流量计

  锐孔直径：$d_0=$ m，$C_0=$

2. 实验数据记录

表 4-3-1 离心泵实验数据记录表

(温度 $t=$____℃，密度 $\rho=$____kg/m^3，重力加速度 $g=$____m/s^2)

流量	1	2	3	4	5	6
$R(m)$						
$U(V)$						
$I(A)$						
$p_M(MPa)$						
$p_V(MPa)$						
$q_V(m^3/s)$						
$H(m)$						
$N_e(W)$						
$N(W)$						
$\eta(\%)$						

七、思考题

1. 在启动离心泵之前应先怎样做，为什么？

2. 在离心泵实验中用到压力表和真空表，两个表的具体安装位置在哪里？

3. 计算六组实验数据，并写出计算过程。

4. 将实验数据的整理结果标绘成离心泵的特性曲线。

实验 4 套管换热器液-液热交换实验

一、实验目的

1. 加深对传热有关理论的理解，提高解决实际问题的能力。
2. 了解并掌握套管换热器的传热系数 K 的测定方法。
3. 整理出传热膜系数的准数关联式，并将其标绘在双对数坐标纸上。

二、实验原理

冷热流体通过固体壁所进行的热交换过程是先由热流体把热量传给固体壁面，然后由固体壁面的一侧传向另一侧，最后再由壁面把热量传给冷流体。换言之，热交换过程即由给热—导热—给热三个过程串联组成。

若热流体在套管热交换器的管内流过，而冷流体在管外流过，设备两端测试点上的温度如图 4-4-1 所示，则在单位时间内热流体向冷流体传递的热量可由热流体的热量衡算方式来表示：

$$Q = q_{m1} c_{p1}(T_1 - T_2) \tag{4-4-1}$$

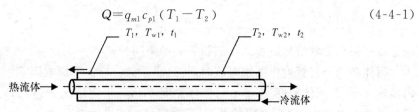

图 4-4-1 套管热交换器两端测试点的温度

就整个热交换而言，由传热速率基本方程经过数学处理，可得计算式为：

$$Q = KA\Delta t_m \tag{4-4-2}$$

(4-4-1)、(4-4-2)两式中，Q 为传热速率，J/s 或 W；q_{m1} 为热流体的质量流率，kg/s；c_{p1} 为热流体的平均比热容，kJ/(kg·K)；T 为热流体的温度，K；t 为冷流体的温度，K；T_w 为固体壁面温度，K；K 为传热总系数，W/(m^2·K)；A 为热交换面积，m^2；Δt_m 为两流体间的平均温度差，K。

若 ΔT_1 和 ΔT_2 分别为热交换器两端冷热流体之间的温度差，即：

$$\Delta t_1 = T_1 - t_1 \tag{4-4-3}$$

$$\Delta t_2 = T_2 - t_2 \tag{4-4-4}$$

则平均温度差可按下式计算：

当 $\dfrac{\Delta t_1}{\Delta t_2} > 2$ 时， $\Delta t_m = \dfrac{\Delta t_1 - \Delta t_2}{\ln \dfrac{\Delta t_1}{\Delta t_2}}$ \qquad(4-4-5)

当 $\dfrac{\Delta t_1}{\Delta t_2} \leqslant 2$ 时， $\Delta t_m = \dfrac{\Delta t_1 + \Delta t_2}{2}$ \qquad(4-4-6)

由式(4-4-1)和式(4-4-2)联立求解，可得传热总系数的计算式：

$$K = \frac{q_{m1} c_{p1}(T_1 - T_2)}{A\Delta t_m} \tag{4-4-7}$$

73

就固体壁面两侧的给热过程来说,给热速率基本方程为:

$$Q = \alpha_1 A_w (T - T_w)$$
$$Q = \alpha_2 A_w' (t_w - t) \qquad (4-4-8)$$

根据热交换两端的边界条件,经数学推导,同理可得管内给热过程的给热速率计算式为:

$$Q = \alpha_1 A_w \Delta T_m \qquad (4-4-9)$$

(4-4-8)、(4-4-9)两式中,α_1 与 α_2 分别为固体壁两侧的传热膜系数,W/(m² · K);A_w 与 A_w' 分别为固体壁两侧的内壁表面积和外壁表面积,m²;T_w 与 t_w 分别为固体壁两侧的内壁面温度和外壁面温度,K;ΔT_m 为热流体与内壁面之间的平均温度差,K。

热流体与管内壁面之间的平均温度差可按下式计算:

当 $\dfrac{T_1 - T_{w1}}{T_2 - T_{w2}} > 2$ 时, $\quad \Delta T_m = \dfrac{(T_1 - T_{w1}) - (T_2 - T_{w2})}{\ln \dfrac{T_1 - T_{w1}}{T_2 - T_{w2}}} \qquad (4-4-10)$

当 $\dfrac{T_1 - T_{w1}}{T_2 - T_{w2}} \leqslant 2$ 时, $\quad \Delta T_m = \dfrac{(T_1 - T_{w1}) + (T_2 - T_{w2})}{2} \qquad (4-4-11)$

由式(4-4-1)和式(4-4-9)联立求解,可得管内传热膜系数的计算式为:

$$\alpha_1 = \frac{q_{m1} c_{p1} (T_1 - T_2)}{A_w \Delta T_m} \qquad (4-4-12)$$

同理也可得到管外给热过程的传热膜系数的类同公式。

流体在圆形直管内作强制对流时,传热膜系数 α 与各项影响因素[如管内径 d,m;管内流速 u,m/s;流体密度 ρ,kg/m³;流体黏度 μ,Pa · s;定压比热容 c_p,kJ/(kg · K);流体导热系数 λ,W/(m · K)]之间的关系,可关联成如下准数关联式:

$$Nu = \alpha Re^m Pr^n \qquad (4-4-13)$$

式中,$Nu = \dfrac{\alpha d}{\lambda}$ 为努塞尔数(Nusselt number);$Re = \dfrac{du\rho}{\mu}$ 为雷诺数(Reynolds number);

$Pr = \dfrac{c_p \mu}{\lambda}$ 为普朗特数(Prandtl number)。

上列关联式中系数 α 和指数 m、n 的具体数值通过实验测定得到。实验测得 α、m、n 的数值后,则传热膜系数即可由该式计算。例如:

当流体在圆形直管内作强制湍流时:$Re > 10\ 000$;$Pr = 0.7 \sim 160$;$1/d > 50$。则流体被冷却时,α 值可按下列公式计算:

$$Nu = 0.023 Re^{0.8} Pr^{0.3} \qquad (4-4-14)$$

或 $\qquad \alpha = 0.023 \dfrac{\lambda}{d} \left(\dfrac{du\rho}{\mu} \right)^{0.8} \left(\dfrac{c_p \mu}{\lambda} \right)^{0.3} \qquad (4-4-15)$

流体被加热时:

$$Nu = 0.023 Re^{0.8} Pr^{0.4} \qquad (4-4-16)$$

或 $\qquad \alpha = 0.023 \dfrac{\lambda}{d} \left(\dfrac{du\rho}{\mu} \right)^{0.8} \left(\dfrac{c_p \mu}{\lambda} \right)^{0.4} \qquad (4-4-17)$

当流体在套管环隙内作强制湍流时,上列各式中 d 用当量直径 d_e 替代即可。各项物性常数均取流体进出口平均温度下的数值。

三、实验装置

本实验装置主要由套管热交换器、恒温循环水槽、高位稳压水槽以及一系列测量控制仪表组成,装置流程如图 4-4-2 所示。

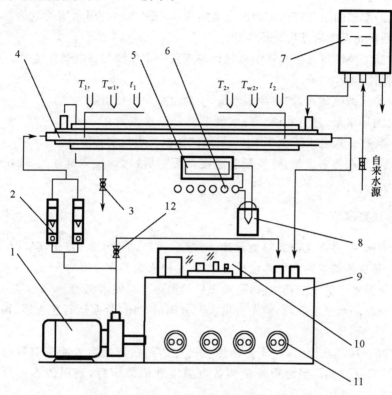

图 4-4-2 套管换热器液-液热交换实验装置图

1—循环水泵;2—转子流量计;3—出水阀;4—套管热交换器;5—测量和控制仪表;6—琴键;

7—高位稳压水槽;8—冷阱;9—恒温循环水槽;10—电源开关;11—电加热套

套管热交换器由一根 $\Phi12$ mm$\times1.5$ mm 的黄铜管作为内管,$\Phi20$ mm$\times2.0$ mm 的有机玻璃管作为套管所构成。套管热交换器外面再套一根 $\Phi32$ mm$\times2.5$ mm 有机玻璃管作为保温管。套管热交换器两端测温点之间距离(测试段距离)为 1 000 mm。每个检测端面上在管内、管外和管壁内设置三支铜-康铜热电偶,并通过转换开关与数字电压表相连接,用以测量管内、管外的流体温度和管内壁的温度。

热水由循环水泵从恒温水槽送入管内,然后经转子流量计再返回槽内。恒温循环水槽中用电热器补充热水在热交换器中移去的热量,并控制恒温。

冷水由自来水管直接送入高位稳压水槽,再由稳压水槽流经转子流量计和套管的环隙空间。高位稳压水槽排出的溢流水和由换热管排出的被加热后的水均排入下水道。

四、实验方法

1.实验前准备工作

(1)向恒温水槽中灌入蒸馏水或软水,直至溢流管有水溢出为止。

(2)开启并调节通往高位稳压水槽的自来水阀门,使槽内充满水,并有水从溢流管流出。

(3)将冰碎成细粒,放入冷阱中并掺入少许蒸馏水,使之呈粥状。将热电偶冷接点插入冰水中,盖严盖子。

(4)将恒温水槽的温度自控装置的温度定为 55 ℃,启动恒温水槽的电热器。等恒温水槽的水达到预定温度后即可开始实验。

(5)实验前需要准备好热水转子流量计的流量标定曲线和热电偶分度表。

2.实验操作步骤

(1)开启冷水截止球阀,测定冷水流量,实验过程中保持恒定。

(2)启动循环水泵,开启并调节热水调节阀。热水流量在 60 L/h～250 L/h 范围内选取若干流量值(一般要求不少于 5～6 组测试数据),进行实验测定。

(3)每调节一次热水流量,待流量和温度都恒定后,再通过琴键开关,依次测定各点温度。

五、实验注意事项

1.开始实验时,必须先向换热器通冷水,然后再启动热水泵;停止实验时,必须先关闭电热器,待热交换器管内存留热水被冷却后,再停水泵并停止通冷水。

2.启动恒温水槽的电热器之前,必须先启动循环水泵使水流动。

3.在启动循环水泵之前,必须先将热水调节阀门关闭,待泵运行正常后,再徐徐开启调节阀。

4.每改变一次热水流量,一定要使传热过程达到稳定之后才能测取数据。每测一组数据,最好重复数次。当测得流量和各点温度数值恒定后,表明传热过程已达稳定状态。

六、实验结果

1.测量并记录实验设备基本参数

(1)实验设备型式和装置方式

    水平装置套管式热交换器

(2)内管基本参数

    材质:黄铜

    外径:$d=$ mm

    壁厚:$\delta=$ mm

    测试段长度:$L=$ mm

(3)套管基本参数

    材质:有机玻璃

    外径:$d'=$ mm

    壁厚:$\delta'=$ mm

(4)流体流通的横截面积

    内管横截面积:$S=$ m^2

　　环隙横截面积：$S' =$ 　 m^2

（5）热交换面积

　　内管内壁表面积：$A_w =$ 　 m^2

　　内管外壁表面积：$A'_w =$ 　 m^2

　　平均热交换面积：$A =$ 　 m^2

2.实验数据记录

（1）实验测得数据可参考如下表格进行记录：

表 4-4-1　套管换热器液-液热交换实验数据记录表

［热流体 $c_{p(热)} =$ ____ kJ/(kg·K)，密度 $\rho =$ ____ kg/m³，黏度 $\mu =$ ____ Pa·s］

$q_{V(热)}$(L/h)					
T_1(℃)					
T_2(℃)					
T_{w1}(℃)					
T_{w2}(℃)					
t_1(℃)					
t_2(℃)					
$q_{m(热)}$(kg/s)					
Q(W)					
$\Delta t_{m(逆)}$(℃)					
ΔT_m(℃)					
$K[W/(m^2·K)]$					
$\alpha_{(热)}[W/(m^2·K)]$					

（2）由实验数据求取流体在圆形直管内作强制湍流时的传热膜系数 α。

（3）由实验原始数据和测得的 α 值，对水平管内传热膜系数的准数关联式进行参数估计，按如下方法和步骤估计参数。

水平管内传热膜系数的准数关联式：

$$Nu = \alpha Re^m Pr^n$$

在实验测定温度范围内，Pr 数据变化不大，可取其均值并将 Pr^n 视为定值与 α 项合并。因此，上式可写为：

$$Nu = ARe^m$$

上面等式两边取对数，使之线性化，即：

$$\ln Nu = m\lg Re + \lg A$$

因此，可将 Nu 和 Re 实验数据直接在双对数坐标纸上进行标绘，由实验曲线的斜率和截距估计参数 A 和 m；或者用最小二乘法进行线性回归，估计参数 A 和 m。

取 Pr 均值为定值，且 $n = 0.3$，由 A 计算得到 α 值，最后算出参数值 m、α。

七、思考题

1. 冷热流体通过间壁进行传热时，热流体→内壁、内壁→外壁、外壁→冷流体这三个过程的传热方式分别是什么？

2. 计算各组实验数据，并写出计算过程。

3. 由实验原始数据和测得的 α 值，对水平管内传热膜系数的准数关联式进行参数估计。

实验 5　填料塔气体吸收实验

一、实验目的

1. 熟悉填料塔的构造及其操作。
2. 观察气液填料塔的流体力学状况并测定其压降与流速(空塔)的关系。
3. 掌握传质系数的意义,以及传质单元高度与传质单元数之间的相互关系。

二、实验原理

填料塔气体吸收为低浓度等温物理吸收,总吸收系数为常数;惰性组分 B 在溶剂中完全不溶解,溶剂在操作条件下完全不挥发,惰性气体和吸收剂在整个吸收过程中均为常量;吸收塔中气、液作逆流流动。

通过吸收塔的惰性气体量和溶剂量不变化,因此,在进行物料衡算时,以不变的惰性气体流量和吸收剂流量作为计算基准,并用摩尔分率表示气相液相的组成。

在图 4-5-1 所示的塔内任取 m-n 截面与塔底(图示的虚线范围)作溶质的物料衡算,可得:

$$LX + GY_1 = LX_1 + GY$$

或

$$G(Y_1 - Y) = L(X_1 - X)$$

吸收操作线方程式:
$$Y = \frac{L}{G}X + \left(Y_1 - \frac{L}{G}X_1\right) \tag{4-5-1}$$

式中,G 为通过吸收塔的惰性气体流量,kmol/s;L 为通过吸收塔的吸收剂流量,kmol/s;Y、Y_1 分别为 m-n 截面及塔底气相中溶质的摩尔比,kmol 溶质/kmol 惰性气体;X、X_1 分别为 m-n 截面及塔底液相中溶质的摩尔比,kmol 溶质/kmol 溶剂。

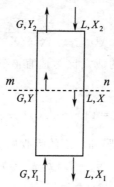

图 4-5-1　逆流吸收塔操作示意图

在吸收塔的设计计算中,惰性气体的流量 G、进塔气体的组成 Y_1、吸收剂的入塔组成 X_2 以及分离要求都已知,吸收塔的吸收剂用量则有待于计算确定。

分离要求常用两种方式表示。当吸收的目的是回收有用物质时,通常规定溶质的回收率(或称为吸收率)η,回收率定义为:

$$\eta=\frac{被吸收的溶质量}{进塔气体的溶质量}=\frac{G(Y_1-Y_2)}{GY_1}=\frac{Y_1-Y_2}{Y_1}=1-\frac{Y_2}{Y_1}$$

当吸收的目的是除去气体中的有害物质时,一般直接规定气体中残余有害物质的组成为 Y_2。

最小液气比可由物料衡算求得。如果平衡曲线如图 4-5-2(a)所示的一般情况,则需由图 4-5-2(a)读得 X_1^* 的数值,然后用下式计算最小液气比,即:

$$\left(\frac{L}{G}\right)_{\min}=\frac{Y_1-Y_2}{X_1^*-X_2}$$

若气液浓度都低,平衡关系满足亨利定律,则 X_1^* 也可由气液相平衡方程 $X_1^*=Y_1/m$ 求出。

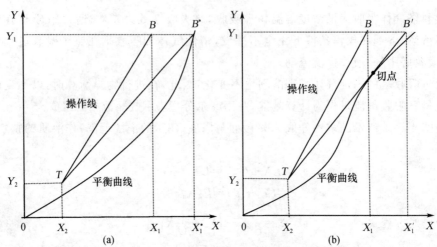

图 4-5-2　吸收塔的最小液气比

如果平衡曲线呈图 4-5-2(b)所示的形状,则应读得 B' 点的横坐标 X_1' 的数值,然后按下式计算最小液气比,即:

$$\left(\frac{L}{G}\right)_{\min}=\frac{Y_1-Y_2}{X_1'-X_2}$$

操作费与设备费之和最低时的液气比为适宜液气比,根据经验,适宜液气比取最小液气比的 1.1 倍～2.0 倍。即:

$$\frac{L}{G}=(1.1\sim2.0)\left(\frac{L}{G}\right)_{\min}$$

根据双膜模型的基本假设,气膜和液膜的吸收质 A 的传质速率方程可分别表示为:

气膜 $\qquad N_A=k_G(p_A-p_{Ai})$ (4-5-2)

液膜 $\qquad N_A=k_L(c_{Ai}-c_A)$ (4-5-3)

式中,N_A 为 A 组分的传质速率,kmol/(m²·s);p_A 为气膜主体处 A 组分的分压,kPa;p_{Ai} 为相界面上 A 组分的分压,kPa;c_A 为液膜主体处 A 组分的浓度,kmol/m³;c_{Ai} 为相界面上 A 组分的浓度,kmol/m³;k_G 为以分压差为推动力的气膜传质系数,kmol/(m²·s·kPa);k_L 为以浓度差为推动力的液膜传质系数,m/s。

以气相分压或以液相浓度表示传质过程推动力的相际传质速率方程又可分别表

示为：

$$N_A = K_G(p_A - p_A^*) \tag{4-5-4}$$

$$N_A = K_L(c_A^* - c_A) \tag{4-5-5}$$

式中，p_A^* 为液相中 A 组分的实际浓度所要求的气相平衡分压，kPa；c_A^* 为气相中 A 组分的实际分压所要求的液相平衡浓度，$kmol/m^3$；K_G 为以气相总分压差为推动力的总传质系数，简称气相传质总系数，$kmol/(m^2 \cdot s \cdot kPa)$；$K_L$ 为以液相总浓度差为推动力的总传质系数，简称液相传质总系数，m/s。

若气液相平衡关系遵循亨利定律 $c_A = Hp_A^*$，则：

$$\frac{1}{K_G} = \frac{1}{k_G} + \frac{1}{Hk_L} \qquad \frac{1}{K_L} = \frac{H}{k_G} + \frac{1}{k_L} \tag{4-5-6}$$

当气膜阻力远大于液膜阻力时，则相际传质过程受气膜传质速率控制，$K_G \approx k_G$；反之，当液膜阻力远大于气膜阻力时，则相际传质过程受液膜传质速率控制，$K_L \approx k_L$。

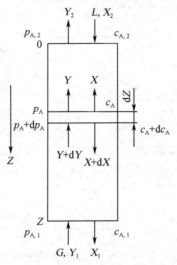

图 4-5-3　填料塔的物料衡算图

如图 4-5-3 所示，在逆流接触的填料层内，任意截取一微分段 dZ，并以此为衡算系统，则由吸收质 A 的物料衡算可得：

$$dN_A = \frac{L}{c}dc_A \tag{4-5-7}$$

式中，L 为液相摩尔流量，kmol/s；c 为液相浓度，$kmol/m^3$。

根据传质速率基本方程，可写出该微分段的传质速率微分方程：

$$dN_A = K_L(c_A^* - c_A)a\Omega dZ \tag{4-5-8}$$

联立式（4-5-7）和式（4-5-8）可得：

$$dZ = \frac{Ldc_A}{K_L a\Omega c(c_A^* - c_A)} \tag{4-5-9}$$

式中，a 为气液两相接触的比表面积，m^2/m^3；Ω 为填料塔的横截面积，m^2。

本实验采用水吸收纯二氧化碳，且已知二氧化碳在常温常压下溶解度较小，液相摩尔流量 L 和液相浓度 c 的比值亦即液相体积流量 $V_{s,L}$ 可视为定值，且设总传质系数 K_L 和

两相接触比表面积 a 在整个填料层内为一定值,则按下列边值条件积分式(4-5-9),可得填料层高度的计算公式:

$$Z = \frac{V_{s,L}}{K_L a \Omega} \cdot \int_{c_{A,2}}^{c_{A,1}} \frac{dc_A}{c_A^* - c_A} \tag{4-5-10}$$

令 $H_L = \dfrac{V_{s,L}}{K_L a \Omega}$,且称 H_L 为液相传质单元高度(HTU);$N_L = \displaystyle\int_{c_{A,2}}^{c_{A,1}} \frac{dc_A}{c_A^* - c_A}$,且称 N_L 为液相传质单元数(NTU)。

因此,填料层高度为传质单元高度与传质单元数之乘积,即:

$$Z = H_L \times N_L \tag{4-5-11}$$

若气液平衡关系遵循亨利定律,即平衡曲线为直线,则式(4-5-10)可用解析法解得填料层高度的计算式,即可采用下列平均推动力法计算填料层的高度或液相传质单元高度:

$$Z = \frac{V_{s,L}}{K_L a \Omega} \cdot \frac{c_{A,1} - c_{A,2}}{\Delta c_{A,m}} \tag{4-5-12}$$

$$H_L = \frac{Z}{N_L} = \frac{Z}{(c_{A,1} - c_{A,2})/\Delta c_{A,m}} \tag{4-5-13}$$

式中,$\Delta c_{A,m}$ 为液相平均推动力,即:

$$\Delta c_{A,m} = \frac{\Delta c_{A,2} - \Delta c_{A,1}}{\ln \dfrac{\Delta c_{A,2}}{\Delta c_{A,1}}} = \frac{(c_{A,2}^* - c_{A,2}) - (c_{A,1}^* - c_{A,1})}{\ln \dfrac{c_{A,2}^* - c_{A,2}}{c_{A,1}^* - c_{A,1}}} \tag{4-5-14}$$

因为本实验采用纯二氧化碳,则:

$$c_{A,1}^* = c_{A,2}^* = c_A^* = H p_A = H p \tag{4-5-15}$$

二氧化碳的溶解度常数:

$$H = \frac{\rho_s}{E M_s} \tag{4-5-16}$$

式中,H 为溶解度常数,kmol/(m·kPa);ρ_s 为水的密度,kg/m³;M_s 为水的摩尔质量,kg/kmol;E 为亨利系数,kPa。

因此,式(4-5-14)可简化为:

$$\Delta c_{A,m} = \frac{c_{A,1}}{\ln \dfrac{c_A^*}{c_A^* - c_{A,1}}} \tag{4-5-17}$$

本实验采用的物系遵循亨利定律,且气膜阻力可以不计。整个传质过程阻力都集中于液膜,属液膜控制过程,则液膜体积传质膜系数等于液相体积传质总系数,即:

$$k_L a = K_L a = \frac{V_{s,L}}{Z \Omega} \cdot \frac{c_{A,1} - c_{A,2}}{\Delta c_{A,m}} \tag{4-5-18}$$

对于填料塔,Sherwood 和 Holloway 由实验得出液膜体积传质膜系数与主要影响因素之间的关系,其关联式为:

$$\frac{k_L a}{D_L} = A \left(\frac{L}{\mu_L} \right)^m \cdot \left(\frac{\mu_L}{\rho_L D_L} \right)^n \tag{4-5-19}$$

式中,D_L 为吸收质在水中的扩散系数,m²/s;L 为液体质量流速,kg/(m²·s);μ_L 为液体黏度,Pa·s 或 kg/(m·s);ρ_L 为液体密度,kg/m³。

应该注意的是,Sherwood-Holloway 关联式中,$(k_L a/D_L)$ 和 (L/μ_L) 两项没有特性长度。因此,该式也不是真正无因次准数关联式,式中 A、m 和 n 的具体数值需在一定条件下通过实验求取。

三、实验装置

本实验装置由填料吸收塔、二氧化碳钢瓶、高位稳压水槽和各种测量仪表组成,其流程如图 4-5-4 所示。

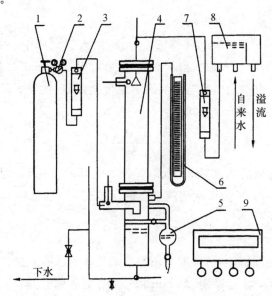

图 4-5-4　填料吸收塔液侧传质膜系数测定实验装置

1—二氧化碳钢瓶;2—减压阀;3—二氧化碳流量计;4—填料塔;

5—采样计量管;6—压差计;7—水流量计;8—高位稳压水槽;9—数字电压表

填料吸收塔采用公称直径(又称平均外径)为 50 mm 的玻璃柱。柱内装填 8.0 mm×8.0 mm×1.5 mm 塑料拉西环填料,填充高度约为 300 mm。吸收质(纯二氧化碳气体)由钢瓶经二次减压阀、调节阀和转子流量计进入塔底。气体由下向上经过填料层与液相逆流接触,最后由柱顶放空。吸收剂(水)由高位稳压水槽经调节阀和流量计进入塔顶,再喷洒而下。吸收后溶液由塔底经 π 形管排出,液柱压差计用以测量塔底压强和填料层的压强降。塔底和塔顶的气液相温度由热电偶测量,并通过转换开关由数字电压表显示。

四、实验方法

1. 实验前准备工作

(1)实验前,首先检查填料塔的进气阀和进水阀,以及二氧化碳二次减压阀是否均已关严;然后打开二氧化碳钢瓶顶上的针阀,将压力调至 1 MPa;同时向高位稳压水槽中注水,直至溢流管中有适量水溢流而出。

(2)将水充满填料层,浸泡填料(相当于预液泛)。

(3)向冷阱内加入冰水。

2.实验操作步骤

(1)缓慢开启进水调节阀,水流量可在 10 L/h～80 L/h 范围内选取。一般在此范围内选取 5～6 个数据点。调节流量时一定要注意保持高位稳压水槽中有适量溢流水流出,以保证水压稳定。

(2)缓慢开启进气调节阀。二氧化碳流量建议采用 0.2 m³/h 左右为宜。

(3)当操作达到定常状态之后,测量塔顶和塔底的水温和气温,同时测定塔底溶液中二氧化碳的浓度。

溶液中二氧化碳浓度的测定方法为:

用吸量管吸取 0.1 mol/L NaOH 溶液 20 mL,放入三角瓶中,并由塔底附设的计量管滴入塔底溶液 20 mL,再加入酚酞指示剂数滴,最后用 0.1 mol/L 盐酸溶液滴定,直至溶液中红色消失为止。由空白试验与溶液滴定用量之差值,按下式计算得出溶液中二氧化碳的浓度,滴定实验做 3 次,取平均值:

$$c_A = \frac{c_{HCl} \Delta V_{HCl}}{V}$$

式中,c_{HCl} 为标准盐酸溶液的浓度,$kmol/m^3$;V_{HCl} 为实际滴定用量,即空白试验用量与滴定试样时用量之差值,mL;V 为塔底溶液采样量,mL。

五、实验注意事项

1.实验过程中务必严密监视,并随时调整二氧化碳和水的流量。

2.每次流量改变后,均需稳定 20 min 以上,以便达到稳定的传质状态,才能测取数据。

3.预液泛后,填料层高度需重新测定。采样计量管容积需准确标定。

4.浸泡填料层(人为预液泛时),需缓慢精心操作,以防冲毁填料层和压差计。

六、实验结果

1.测量并记录实验基本参数

(1)填料柱

柱体内径:$d=$　m

填料型式规格:　mm×　mm×　mm 塑料拉西环

填料层高度:$h=$　m

(2)大气压力

$p=$　MPa

(3)室温

$T=$　℃

(4)试剂

NaOH 溶液浓度:$c_{NaOH}=$　mol/L

用量：$V_{NaOH}=$ 　　mL

盐酸浓度：$c_{HCl}=$ 　　mol/L

2. 实验数据记录

（1）实验测得数据可参考如下表格进行记录：

表 4-5-1　填料塔气体吸收实验数据记录表

$q_{V水}/L \cdot h^{-1}$								
$V_{空白HCl}/mL$								
$\bar{V}_{空白HCl}/mL$								
V_{HCl}/mL								
$\bar{V}_{HCl}/mL$								
$\Delta V_{HCl}/mL$								
$c_{A,1}/kmol \cdot m^{-3}$								
$\Delta c_{A,m}/kmol \cdot m^{-3}$								
N_{OL}								
H_{OL}/m								

（2）根据实验结果，在坐标上标绘液侧传质膜系数与喷淋密度的关系曲线。

（3）在双对数坐标上，将 $\left(\dfrac{k_L a}{D_L}\right)\left(\dfrac{\mu_L}{\rho_L D_L}\right)^{0.5}$ 对 $\left(\dfrac{L}{\mu_L}\right)$ 作图，用图解法或线性回归法求取 Sherwood-Holloway 关联式的 A 和 m 值。

七、思考题

1. 如何测定吸收塔塔底出口溶液的浓度？
2. 计算一定 q_V 水下的传质单元数 N_{OL} 与传质单元高度 H_{OL}。

实验6 填料塔连续精馏实验

一、实验目的

1. 了解精馏塔(填料塔)的结构及精馏操作的流程。
2. 掌握利用精馏塔进行连续精馏的基本操作方法。
3. 测定填料塔的单板效率和全塔效率。

二、实验原理

连续填料精馏分离能力的影响因素众多,大致可归纳为三个方面:一是物理性质因素,如物系及其组成,汽液两相的各种物理性质等;二是设备结构因素,如塔径与塔高,填料的型式、规格、材质和填充方法等;三是操作因素,如蒸气上升速度,进料比和回流比等。在既定的设备和物系中主要影响分离能力的操作变量为蒸气上升速度和回流比。

在一定的操作气速下,表征在不同回流比下的填料精馏塔分离性能,常以每米填料高度所具有的理论塔板数,或者与一块理论塔板相当的填料高度,即等板高度(HETP)作为主要指标。

在一定回流比下,连续精馏塔的理论塔板数可采用逐板计算法(Lewis-Matheson method)或图解计算法(McCabe-Thiele method)。

逐板计算法或图解计算法的依据都是汽液平衡关系式和操作线方程。后者只是采用绘图方法代替前者的逐板解析计算。但对于相对挥发度小的物系,采用逐板计算法更为精确。采用计算机进行程序计算,尤为快速、简便。

精馏段的理论塔板数可按下列平衡关系式和精馏段操作线方程进行逐板计算:

$$y_n = \frac{\alpha x_n}{1 + (\alpha - 1) x_n} \tag{4-6-1}$$

$$y_{n+1} = \frac{R}{R+1} x_n + \frac{x_D}{R+1} \tag{4-6-2}$$

提馏段的理论塔板数又需按上列平衡关系式和提馏段操作线方程进行逐板计算。提馏段操作线方程为:

$$y_{m+1} = \frac{R'+1}{R'} x_m - \frac{x_W}{R'} \tag{4-6-3}$$

式中,y 为蒸气相中易挥发组分的含量,摩尔分数;x 为液相中易挥发组分的含量,摩尔分数;α 为相对挥发度;R 为回流比(回流液与馏出液的摩尔流量之比,即 $R=L/D$);R' 为蒸出比(上升蒸气摩尔流量与釜液摩尔流量之比,即 $R'=V'/W$);下标 n,m,D,F 和 W 分别表示精馏段塔板序号、提馏段塔板序号、馏出液、进料液和釜残液。

全回流操作时,理论塔板数的计算可由逐板计算法导出的简单公式,即芬斯克(Fenske)公式进行计算,即:

$$N_{\min} = \frac{\lg\left[\left(\frac{x_D}{1-x_D}\right)\left(\frac{1-x_W}{x_W}\right)\right]}{\lg\alpha} \tag{4-6-4}$$

式中,相对挥发度近似取塔顶和塔底相对挥发度的几何平均值,即 $\alpha=\sqrt{\alpha_D \cdot \alpha_W}$; N_{min} 为全回流时所需最少理论板数(包括蒸馏釜)。

在全回流或不同回流比下的等板高度 H 可分别按下式计算:

$$H_0 = \frac{Z}{N_0} \tag{4-6-5}$$

$$H_e = \frac{Z}{N_T} \tag{4-6-6}$$

式中, H_0 为全回流下测得的理论等板高度; H_e 为部分回流下测得的理论等板高度; N_0 为全回流下测得的理论塔板数; N_T 为部分回流下测得的理论塔板数; Z 为填料层的实际高度。

显然,理论塔板数或等板高度的大小受回流比的影响,在全回流下测得的理论塔板数最多,也即等板高度为最小,为了表征连续精馏柱部分回流时的分离能力,通常采用利用系数作为指标。精馏柱的利用系数为在部分回流条件下测得的理论塔板数 N_T 与在全回流条件下测得的最大理论塔板数 N_0 之比值,或者为上述两种条件下分别得到的等板高度之比值,即:

$$K = \frac{N_T}{N_0} = \frac{H_e}{H_0} \tag{4-6-7}$$

这一指标不仅与回流比有关,而且还与塔内蒸气上升速度有关。因此,在实际操作中,应选择适当操作条件,以获得适宜的利用系数。

蒸气的空塔速度 u_0 可按下式计算:

$$u_0 = \frac{4(L_L + L_D)\rho_L}{\pi d^2 \rho_V} \tag{4-6-8}$$

式中, L_L 和 L_D 分别为回流液和馏出液的流量,m^3/s; ρ_L 和 ρ_V 分别为回流液和柱顶蒸气的密度,kg/m^3; d 为精馏柱的内径,m。

$$\rho_L = \frac{1}{\frac{w_A}{\rho_A} + \frac{w_B}{\rho_B}} = \frac{M_A x_A + M_B(1-x_A)}{\frac{M_A x_A}{\rho_A} + \frac{M_B(1-x_A)}{\rho_B}} \tag{4-6-9}$$

$$\rho_V = \frac{R\overline{M}}{RT} = \frac{p[M_A x_A + M_B(1-x_A)]}{RT}$$

式中, w_A 和 w_B 分别为回流液(或馏出液)中易挥发组分 A 和难挥发组分 B 的质量分数; ρ_A 和 ρ_B 分别为组分 A 和 B 在回流温度下的密度,kg/m^3; M_A 和 M_B 分别为组分 A 和 B 的摩尔质量,kg/mol; x_A 和 x_B 分别为回流液(或馏出液)中组分 A 和 B 的摩尔分率,对于二元物系有 $x_B = 1 - x_A$; p 为操作压力,Pa; T 为塔内蒸气的平均温度,K; $\overline{M}$ 为蒸气的平均摩尔质量,kg/mol; R 为气体常数,$J/(mol \cdot K)$。

三、实验装置

本实验装置由连续填料精馏柱和精馏塔控制仪两部分组成。实验装置及其控制线路如图 4-6-1 所示。

连续填料精馏柱由精馏柱、分馏头、再沸器、原料液预热器和进出料装置四部分组

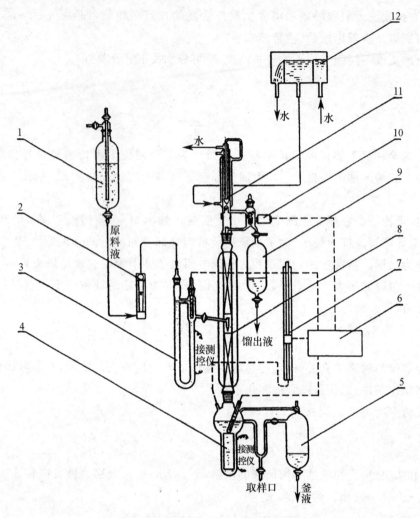

图 4-6-1　填料塔连续填料精馏柱实验装置图

1—原料液高位瓶；2—转子流量计；3—原料液预热器；4—蒸馏釜；5—釜液接收器；6—控制仪；

7—单管压力计；8—填料分馏柱；9—馏出液接收器；10—回流比调节器；11—分馏头；12—冷却水高位槽

成。精馏柱直径为 25 mm，精馏段填充高度为 200 mm，提馏段填充高度为 150 mm。分馏头由冷凝器和电磁回流比调节器组成。再沸器（蒸馏釜）用透明电阻膜加热，容积为500 mL。原料液预热器采用 U 形玻璃管并外附设电阻膜的加热器。试验液进料和釜液出料采用平衡稳压装置。

精馏塔控制仪由光电釜压控制器、回流比调节器、温度数字显示仪和预热器四部分组成。光电釜压控制器用调节釜压的方法，调节再沸器的加热强度，用以控制蒸发量和蒸气速度；回流比调节器用以调节控制回流比；温度数字显示仪通过选择开关，测量各点温度（包括柱、蒸气、入塔料液、回流液和釜残液的温度）；预热器用来调节进料温度。

柱顶冷凝器用水冷却，可通过适当调节冷却水流量来控制回流液的温度。回流液量由分馏头附设的计量管测量。

四、实验方法

本实验采用乙醇和正丙醇物系,按体积比 1∶3 配制成标准试验液(或可采用正庚烷和甲基环己烷物系,配制成体积比为 1∶1 的混合液作为标准试验液)。

实验准备和预试验步骤:

(1)将配制好的试验液 1 000 mL,分别加入再沸器和稳压料液瓶。再沸器中的加入量约为 500 mL。

(2)向冷凝器通入少量冷却水,然后打开控制仪的总电源开关。逐步加大再沸器的加热电压,使再沸器内料液缓慢加热至沸腾。

(3)料液沸腾后,先预液泛一次,以保证填料完全被润湿,并记下液泛时的釜压,作为选择操作条件的依据。

(4)预液泛后,交热电压调回至零,待填料层内挂液全部流回再沸器后,才能重新开始实验。

(5)将光电管定位在液泛釜压的 60%～80% 处,在全回流下,待操作稳定(约 40 min)后,从塔顶和塔底采样分析。

(6)在回流比 R 为 1～50 的范围内,选择 4～5 个回流比值,在不同回流比下进行实验测定。调节回流比时,应先打开回流比控制器的开关,然后旋动两个时间继电器的旋钮,通过两者的延时比例(即回流和流出时间比)来调节控制。打开进料阀,将进料流量调至 0.35 L/h (5.82 mL/min)左右。同时适当调节预热器加热电压。在控制釜压不变的情况下,待操作状态稳定后,采样分析。每次采样完毕后立即测定馏出液流量。

(7)于选定回流比下,在液泛釜压以下选取 4～5 个数据点,按序将光电管定位在预定的釜压上,分别测取不同蒸气速度下的实验数据。

五、实验注意事项

1.在采集分析试样前,一定要有足够的稳定时间。只有当观察到各点温度和压差恒定后,才能取样分析,并以分析数据恒定为准。

2.回流液的温度一定要控制恒定,且尽量接近柱顶温度。关键在于冷却水的流量要控制适当,并维持恒定,同时进料的流量和温度也要随时注意保持恒定。进料温度应尽量接近泡点温度,且以略低泡点温度 3 ℃～7 ℃为宜。

3.预液泛不要过于猛烈,以免影响填料层的填充密度,切忌将填料冲出塔体。

4.再沸器和预热器液位始终要保持在电阻膜加热器以上,以防设备烧裂。

5.实验完毕,应先关掉加热电源,待物料冷却后,再停冷却水。

六、实验结果

1.测量并记录实验基本参数

(1)设备基本参数

　　填料柱的内径:$d=$　　mm

精馏段填料层高度:$Z_R=$　　mm

提馏段填料层高度:$Z_s=$　　mm

填料型式及填充方式:

填料尺寸:

填料比表面积:$a=$　　m^2/m^3

填料层的空隙率:$\varepsilon=$

填料层的堆积密度:$\rho=$　　kg/m^3

单位容积内填料个数:$n=$　　个$/m^3$

(2)实验液及其物性数据

实验混合液的物系:A=　　　　　　　B=

试验液组成:

试验液的泡点温度:

各纯组分的摩尔质量:$M_A=$　　　　　　$M_B=$

各纯组分的沸点:$T_A=$　　　　　　$T_B=$

各纯组分的折光率(25 ℃):$n_A=$　　　　　　$n_B=$

混合液组成与折光率的关系数据:

2.实验结果处理

(1)在一定蒸气速度下,绘出回流比分别对理论塔板数、等板高度、利用系数和压降标绘实验曲线。

(2)在一定回流比下,绘出蒸气速度(或馏出液流量)分别对理论塔板数、等板高度、利用系数和压降标绘实验曲线。

混合液组成与折光率的关系见表 4-6-1:

表 4-6-1　乙醇-正丙醇物系混合液的组成与折光率关系(25 ℃)

乙醇的摩尔分率	94.48	85.07	74.44	65.04	55.22	45.00	27.01	24.96	15.55
n_D	1.361 9	1.364 2	1.366 8	1.369 1	1.371 5	1.374 0	1.378 4	1.378 9	1.381 2

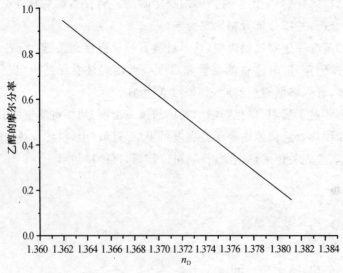

图 4-6-2

（3）实验数据记录

表 4-6-2　填料塔连续精馏实验数据记录表

（塔顶温度 $t =$ ____℃，塔顶相对挥发度 $\alpha_D =$ ____，塔底温度 $t =$ ____℃，

塔底相对挥发度 $\alpha_W =$ ____，平均相对挥发度 $\alpha =$ ____，进料温度 $t =$ ____℃）

R	n_F	x_F	n_D	x_D	n_W	x_W	N_T	H_e

七、思考题

1. 在精馏实验中，理论塔板数是怎样定义的？

2. 利用图解计算法计算全回流下和回流比 $R = 12$ 时的理论塔板数。

化工原理实验

实验 7　流化床固体干燥实验

一、实验目的

1. 了解实验中干燥器的基本结构及其操作特点。
2. 掌握干燥速率曲线的测定方法,了解影响干燥速率的有关因素。
3. 理解并掌握水分在空气和物料间的平衡关系。

二、实验原理

1. 干燥曲线

在流化床干燥器中,颗粒状湿物料悬浮在大量的热空气流中进行干燥。在干燥过程中,湿物料中的水分随着干燥时间的增长而不断减少。在恒定空气条件(即空气的温度、湿度和流动速度保持不变)下,将实验测定的物料含水量随时间的变化关系标绘成曲线,即为湿物料的干燥曲线。湿物料含水量可以以湿物料的质量为基准(称之为湿基),或以绝干物料的质量为基准(称之为干基)来表示,当湿物料中绝干物料的质量为 m_c,水的质量为 m_w 时,则以湿基表示的物料含水量为:

$$w = \frac{m_w}{m_c + m_w} \text{ kg 水/kg 湿物料} \tag{4-7-1}$$

以干基表示的物料含水量为:

$$X = \frac{m_w}{m_c} \text{ kg 水/kg 绝干物料} \tag{4-7-2}$$

两种表示方法存在如下关系:

$$w = \frac{X}{1+X} \tag{4-7-3}$$

$$X = \frac{w}{1-w} \tag{4-7-4}$$

在恒定空气条件下测得干燥曲线如图 4-7-1 所示。显然,空气干燥条件的不同,干燥曲线的位置也将随之不同。

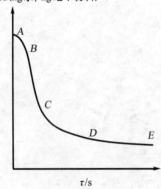

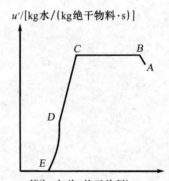

图 4-7-1　恒定干燥条件下物料的干燥曲线　　图 4-7-2　恒定干燥条件下物料的干燥速率曲线

2. 干燥速率曲线

物料的干燥速率即水分气化的速率。

若以固体物料与干燥介质的接触面积为基准,则干燥速率可表示为:

$$u = \frac{-L_c \mathrm{d}X}{A \mathrm{d}\tau} \tag{4-7-5}$$

式中,u 为干燥速率,$\mathrm{kg/(m^2 \cdot s)}$;$L_c$ 为绝干物料的质量,kg;A 为气固相接触面积,$\mathrm{m^2}$;X 为物料的干基含水量,kg 水/kg 绝干物料;τ 为气固两相接触时间,即干燥时间,s。

若以绝干物料的质量为基准,则干燥速率可表示为:

$$u' = \frac{-\mathrm{d}X}{\mathrm{d}\tau} \tag{4-7-6}$$

式中,u' 为干燥速率,kg 水/(kg 绝干物料·s)。

由此可见,干燥曲线上各点的斜率即为干燥速率。若将各点的干燥速率对固体的含水量标绘成曲线,即为干燥速率曲线,如图 4-7-2 所示。干燥速率曲线也可采用干燥速率对自由含水量进行标绘。在实验曲线的测绘中,干燥速率值也可近似地按下列差分式进行计算:

$$u' = \frac{-\Delta X}{\Delta \tau} \tag{4-7-7}$$

3. 临界点和临界含水量

由干燥曲线和干燥速率曲线可知,在恒定干燥条件下,干燥过程可分为如下三个阶段:

(1)物料预热阶段。当湿物料与热空气接触时,热空气向湿物料传递热量,湿物料温度逐渐升高,一直达到热空气的湿球温度。这一阶段称为预热阶段,如图 4-7-1 和图 4-7-2 中的 AB 段。

(2)恒速干燥阶段。由于湿物料表面存在液态的非结合水,热空气传给湿物料的热量,使表面水分在空气湿球温度下不断气化,并由固相向气相扩散。在此阶段,湿物料的含水量以恒定的速度不断减少。因此,这一阶段称为恒速干燥阶段,如图 4-7-1 和图 4-7-2 中的 BC 段。

(3)降速干燥阶段。当湿物料表面非结合水已不存在时,固体内部水分由固体内部向表面扩散后气化,或者气化表面逐渐内移,因此水分的气化速度受内扩散速度的影响,干燥速度逐渐下降,至达到平衡含水量而终止。因此这个阶段称为降速干燥阶段,如图 4-7-1 和图 4-7-2 中的 CDE 段。

在一般情况下,第一阶段相对于后两阶段所需时间要短得多,一般可忽略不计,或归入 BC 段一并考虑。根据固体物料特性和干燥介质的条件,第二阶段与第三阶段相比较,所需干燥时间长短不一,甚至有的可能不存在其中某一阶段。

第二阶段与第三阶段干燥速率曲线的交点称为干燥过程的临界点,即 C 点,该点上的含水量称为临界含水量。影响临界含水量大小的因素众多,包括固体物料的特性、物料的形态和大小、物料的堆积方式、物料与干燥介质的接触状态以及干燥介质的条件(温度、湿度和风速)等。例如,同样的颗粒状固体物料在相同的干燥介质条件下,在流化床干燥器中干燥较在固定床中干燥的临界含水量要低。因此,在实验室中模拟工业干燥器,测定干燥过程临界点和临界含水量,标绘出干燥曲线和干燥速率曲线,对工业生产具有十分重要的意义。

三、实验装置

流化干燥实验装置由流化床干燥器、空气预热器、风机、温度控制与测量仪等几部分组成。该实验的装置流程如图 4-7-3 所示。

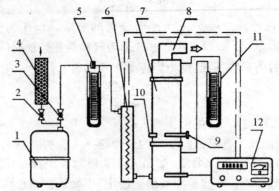

图 4-7-3　流化床干燥器干燥曲线测定的实验装置图

1—风机;2—放空阀;3—调节阀;4—消声器;5—孔板流量计;6—空气预热器;
7—流化床干燥器;8—排气口;9—采样器;10—卸料口;11—U 形压差计;12—温度控制与测量仪

空气由风机经孔板流量计和空气预热器进入流化床干燥器。热空气由干燥器底部鼓入,经分布板分布后,进入床层将固体流化并进行干燥。湿空气由器顶排出,经扩大段沉降和过滤器过滤后放空。

空气的流量由调节阀和旁路放空阀联合调节,并由孔板流量计计量。热风温度由温度控制与测量仪自动控制,并数字显示床层温度。

固体物料采用间歇操作方式,由干燥器顶部加入,实验完毕后在流化状态下由下部卸料口流出。分析试样由采样器定时采集。流化床干燥器的床层压降由 U 形压差计测取。

四、实验方法

(1)将硅胶颗粒用纯水浸透,沥去多余水分,密闭静置 1 h～2 h 后待用。将一瓶洗净、烘干,并称重后,放入保干器中待用。

(2)完全开启放空阀,并关闭干燥器的入口调节阀,然后启动风机。按预定的风量缓慢调节风量(由风机上的旋钮、放空阀和入口调节阀三者联合调节)。本实验的风量一般控制在 30 m^3/h 左右为宜。

(3)每次采集的试样放入称量瓶后,迅速将盖盖紧。用天平称取各瓶重量后放入烘箱,在 150 ℃～170 ℃下烘 2 h～4 h。烘干后将称量瓶放入保干器中,冷却后再称重。

(4)实验完毕,先关闭电热器,直至床层温度冷却至接近室温时,打开卸料口收集固体颗粒于容器中待用。然后,依次打开放空阀,关闭入口调节阀,关闭风机,最后切断电源。

若欲测定不同空气流量或温度下的干燥曲线,则可在调节空气流量或温度后重复上述实验步骤进行实验。

五、实验注意事项

1.实验开始时,一定要先通风,后开预热器;实验结束时,一定要先关掉预热器,待空气温度降至接近室温后,才可停止通风,以防烧毁预热器。

2.空气流量的调节,先由放空阀粗调,再由调节阀细调,切莫在放空阀和调节阀全闭的条件下启动风机。

3.使用采样器时,转动和推拉切莫用力过猛,并要注意正确掌握拉动的位置、扭转的方向和时机。

4.试样的采集、称重和烘干时都要精心操作,避免造成大的实验误差,或因操作失误而导致实验失败。

六、实验结果

1.测量并记录实验基本参数

(1)流化床干燥器

床层内径:$d=$　　mm

静床层高度:$H_m=$　　mm

(2)固体物料

固体物料种类:

颗粒平均直径:$d_p=$　　mm

湿分种类:

起始湿含量:$X_0=$　　kg 水/kg 绝干物料

(3)干燥介质

干燥介质种类:

干球温度:$T_0=$　　℃

湿球温度:$T_w=$　　℃

湿度:$H_0=$　　kg 水/kg 绝干物料

(4)孔板流量计

孔内径:$d_0=$　　mm

管内径:$d_1=$　　mm

孔流系数:$c_0=$

2.记录测得的实验数据

(1)实验条件

操作压力:$p=$　　MPa

空气流量计读数:$R_0=$　　mmH_2O

空气流量:$V_{s,0}=$　　m^3/s

空气的空塔速度:$u_0=$　　m/s

空气的入塔温度:$T_1=$　　℃

流化床的流化高度:$H_f=$　　mm

流化床的膨胀比:$R=$

（2）实验数据记录

表 4-7-1　流化床固体干燥实验数据记录表

实验序号	1	2	3	4	5	6	7	8
时间（min）								
床层温度（℃）								
$m_{瓶}$（g）								
$m_{瓶+湿}$（g）								
$m_{瓶+干}$（g）								
$m_{水}$（g）								
$m_{干}$（g）								
X（kg 水/kg 绝干物料）								
u〔kg 水/（kg 绝干物料·min）〕								

七、思考题

1. 干燥实验中，启动时是先开预热器还是先送空气，关闭时是先关预热器还是先停送空气，为什么？

2. 根据实验测得的相关数据，标绘出相应的干燥曲线（X-t 曲线）和床层温度变化曲线（T_b-t 曲线）。

3. 由干燥曲线标绘相应的干燥速率曲线，根据该曲线确定临界含水量和临界干燥速率。

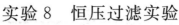

实验 8　恒压过滤实验

一、实验目的

1. 熟悉板框过滤机的结构和操作方法。
2. 学会测定恒压过滤常数 K、q_e、θ_e 以及滤饼的压缩性指数 s。
3. 通过恒压过滤实验,验证过滤基本理论。

二、实验原理

$$V^2 + 2V_e V = KA^2\theta \tag{4-8-1}$$

$$q^2 + 2q_e q = K\theta \tag{4-8-2}$$

$$\frac{\theta}{q} = \frac{1}{K}q + \frac{2}{K}q_e \tag{4-8-3}$$

式中 q 为每次测定的单位过滤面积滤液体积,$\mathrm{m^3/m^2}$;θ 为每次测定滤液体积 q 所对应的时间间隔,s。

以 θ/q 为纵坐标,q 为横坐标,将上式标绘成一条直线,由该直线的斜率和截距可求出过滤常数 K 和 q_e,而虚拟过滤时间 θ_e 可由下式求得:

$$\theta_e = q_e^2/K \tag{4-8-4}$$

改变过滤压差 Δp,可测得不同的 K 值,由 K 的定义式:

$$K = 2k(\Delta p)^{1-s} \tag{4-8-5}$$

两边取对数得:

$$\lg K = (1-s)\lg(\Delta p) + \lg(2k) \tag{4-8-6}$$

在实验压差范围内,若 k 为常数,则 $\lg K \sim \lg(\Delta p)$ 的关系在直角坐标上是一条直线,斜率为 $(1-s)$,可得滤饼的压缩性指数 s。

三、实验装置

本实验装置由空压机、配料槽、压力贮槽、板框过滤机(板框厚度为 25 mm,每个框过滤面积为 0.024 $\mathrm{m^2}$,框数为 2 个)等组成,其装置如图 4-8-1 所示。

四、实验方法

(1)在配料槽内配制含 $CaCO_3$ 约 10%(质量分数)的水悬浮液。

(2)开启空压机,将压缩空气通入配料槽,使 $CaCO_3$ 悬浮液搅拌均匀。

(3)正确装好滤板、滤框及滤布。滤布在使用前用水浸湿,要绷紧,不能起皱(注意:用螺旋压紧时,千万不要压伤手指,先慢慢转动手轮使板框合上,然后再压紧)。

(4)在压力贮槽排气阀打开的情况下,打开进料阀门,使料浆自动由配料槽流入压力贮槽至其视镜 $\frac{1}{2}$ 处左右,关闭进料阀门。

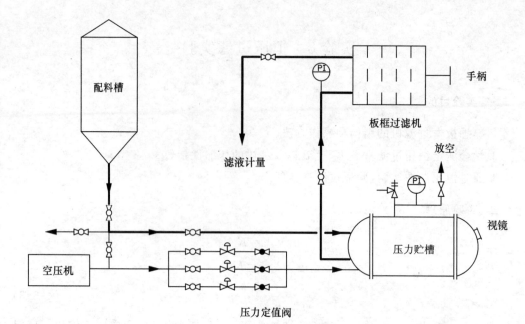

配料槽

手柄

板框过滤机

滤液计量

放空

压力贮槽

视镜

空压机

压力定值阀

图 4-8-1　恒压过滤实验装置图

（5）通压缩空气至压力贮槽，使容器内料浆不断搅拌。压力贮槽的排气阀应不断排气，但又不能喷浆。

（6）调节压力贮槽的压力至需要的值。先分别设定三个压力定值阀来维持恒定的压力（压力一旦调定就不要再动），再开启相应的电磁阀，通过调节压力贮槽上方排气阀开关的大小进行压力细调。每次实验，应有专人调节压力并保持恒压。最大压力不要超过 0.3 MPa。

（7）一切准备就绪后，打开过滤机的进料阀及滤液出口阀，开始实验。实验时可使用手动方法或自动方法。

①手动方法：准备好秒表和量筒，滤液从汇集管中流出时开始用秒表计时，同时用量筒计量滤液量，每隔一定时间间隔，记录相应的滤液量，注意秒表不要中断。第一个压力下的实验做完后，卸料、清洗、重新装合，开启相应的电磁阀进行下一个压力下的实验。

②自动方法：将滤液视为清水，利用带通讯接口的电子天平读取对应计算机计时器下的瞬时滤液质量，并将滤液质量转换为体积。先进入"恒压过滤实验"计算机控制界面，当滤液从汇集管中流出时单击"开始实验"按钮开始实验，每隔一定时间间隔（或滤液量）单击"采集数据"按钮由计算机自动记录有关数据。完成一个压力下的实验后单击"本次压力下实验完毕"按钮，卸料、清洗、重新装合，开启相应的电磁阀进行下一个压力下的实验。

（8）实验结束后关闭仪表电源、总电源，将滤液及滤饼重新倒入配料槽内（为下次实验备用），清洗滤框、滤板、滤布，注意滤布不要折，最后清理实验现场。

五、实验注意事项

1. 最大压力不要超过 0.3 MPa。

2. 正确装好滤板、滤框及滤布，注意滤布不要折。

六、实验结果

表 4-8-1　恒压过滤实验数据记录表

序号	过滤压差 $\Delta p_1 =$		过滤压差 $\Delta p_2 =$		过滤压差 $\Delta p_3 =$	
	过滤时间 （s）	滤液量 （mL）	过滤时间 （s）	滤液量 （mL）	过滤时间 （s）	滤液量 （mL）

七、思考题

1. 由恒压过滤实验测得的数据利用直线图解法或最小二乘法求出过滤常数 K、q_e、θ_e。

2. 由不同压差下的过滤常数利用直线图解法或最小二乘法求出滤饼的压缩性指数 s。

实验 9　液-液萃取实验

一、实验目的

1. 了解液-液萃取设备的结构和特点。
2. 掌握液-液萃取塔的操作方法。
3. 掌握传质单元高度的测定方法,了解影响液-液萃取效率的因素。

二、实验原理

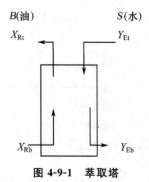

图 4-9-1　萃取塔

图 4-9-1 中 S 为水流量,B 为油流量,Y 为水浓度,X 为油浓度,下标 E 指萃取相,下标 t 指塔顶,下标 R 指萃余相,下标 b 指塔底。

按萃取相计算传质单元数 N_{OE} 的计算公式为:

$$N_{\mathrm{OE}} = \int_{Y_{\mathrm{Et}}}^{Y_{\mathrm{Eb}}} \frac{\mathrm{d}Y_{\mathrm{E}}}{Y_{\mathrm{E}}^* - Y_{\mathrm{E}}} \tag{4-9-1}$$

式中,Y_{Et} 为苯甲酸在进入塔顶的萃取相中的质量比组成,kg 苯甲酸/kg 水(本实验中 $Y_{\mathrm{Et}} = 0$);Y_{Eb} 为苯甲酸在离开塔底的萃取相中的质量比组成,kg 苯甲酸/kg 水;Y_{E} 为苯甲酸在塔内某一高度处萃取相中的质量比组成,kg 苯甲酸/kg 水;Y_{E}^* 为与苯甲酸在塔内某一高度处萃余相组成 X_{R} 成平衡的萃取相中的质量比组成,kg 苯甲酸/kg 水。

用 Y_{E}-X_{R} 图上的分配曲线(平衡曲线)与操作线可求得 $\dfrac{1}{Y_{\mathrm{E}}^* - Y_{\mathrm{E}}}$-$Y_{\mathrm{E}}$ 关系,再利用辛普森求积分方法可求得 N_{OE}。对于水-煤油-苯甲酸物系 Y_{E}-X_{R} 图上的分配曲线可由实验测定得出。

1. 求传质单元数 N_{OE}(以桨叶转数 510 r/min 为例)

(1)塔底轻相入口浓度 X_{Rb}

$$X_{\mathrm{Rb}} = \frac{V_{\mathrm{NaOH}} \times N_{\mathrm{NaOH}} \times M_{\text{苯甲酸}}}{10 \times 800} \tag{4-9-2}$$

(2)塔顶轻相出口浓度 X_{Rt}

$$X_{\mathrm{Rt}} = \frac{V_{\mathrm{NaOH}} \times N_{\mathrm{NaOH}} \times M_{\text{苯甲酸}}}{10 \times 800} \tag{4-9-3}$$

（3）塔顶重相入口浓度 Y_{Et}

本实验中使用自来水，故 $Y_{Et}=0$

（4）塔底重相出口浓度 Y_{Eb}

$$Y_{Eb}=\frac{V_{NaOH} \times N_{NaOH} \times M_{苯甲酸}}{25 \times 1000} \quad (4\text{-}9\text{-}4)$$

（5）在图上画出操作线

在画有平衡曲线的 Y_E-X_R 图上再画出操作线，因为操作线必然通过以下两点：(X_{Rb},Y_{Eb})，$(X_{Rt},0)$。即轻入 X_{Rb}（kg 苯甲酸/ kg 煤油），重出 Y_{Eb}（kg 苯甲酸/ kg 水）；轻出 X_{Rt}（kg 苯甲酸/ kg 煤油），重入 $Y_{Et}=0$。所以，在 Y_E-X_R 图上找出以上两点，连接两点即为操作线。在 $Y_E=Y_{Et}$ 至 $Y_E=Y_{Eb}$ 之间，任取一系列 Y_E 值，可用操作线找出一系列的 X_R 值，再用平衡曲线找出一系列的 Y_E^* 值并计算出一系列的 $\dfrac{1}{Y_E^*-Y_E}$ 值。

2.按萃取相计算的传质单元高度 H_{OE}

$$H_{OE}=\frac{H}{N_{OE}} \quad (4\text{-}9\text{-}5)$$

式中，H 为萃取塔的有效高度，m。

3.按萃取相计算的体积总传质系数 K_{YE}

$$K_{YE}a=\frac{S}{H_{OE} \times \Omega} \quad (4\text{-}9\text{-}6)$$

式中，a 为单位设备体积的两相接触表面积，即比表面积，m²/m³；S 为萃取相中纯溶剂的流量，kg 水/s；Ω 为萃取塔截面积，m²。

三、实验装置

萃取塔为桨叶式旋转萃取塔。塔身为硬质硼硅酸盐玻璃管，塔顶和塔底的玻璃管端扩口处分别通过增强酚醛压塑法兰、橡皮圈、橡胶垫片与不锈钢法兰连接。塔内有 16 个环形隔板将塔分为 15 段，相邻两隔板的间距为 40 mm，每段的中部位置各有在同轴上安装的由 3 片桨叶组成的搅动装置。搅拌转动轴的底端有轴承，顶端亦经轴承穿出塔外与安装在塔顶上的电机主轴相连。电动机为直流电动机，通过调压变压器改变电机电枢电压的方法作无级变速。操作时的转速由仪表显示。在塔的下部和上部，轻、重两相的入口管分别在塔内向上或向下延伸约 200 mm，形成两个分离段，轻、重两相将在分离段内分离。萃取塔的有效高度 H 则为轻相入口管管口到两相界面之间的距离。

本实验以水为萃取剂，从煤油中萃取苯甲酸。水相为萃取相（用字母 E 表示，又称连续相、重相）。煤油相为萃余相（用字母 R 表示，又称分散相、轻相）。轻相入口处，苯甲酸在煤油中的浓度应保持在 0.001 5～0.002 0（kg 苯甲酸/kg 煤油）之间为宜。轻相由塔底进入，作为分散相向上流动，经塔顶分离段分离后由塔顶流出；重相由塔顶进入作为连续相向下流动至塔底经 π 形管流出；轻、重两相在塔内呈逆向流动。在萃取过程中，部分苯甲酸从萃余相转移至萃取相。萃取相及萃余相进、出口浓度由容量分析法测定。实验中视水与煤油是完全不互溶的，且苯甲酸在两相中的浓度都很低，可认为在萃取过程中两相液体的体积流量不发生变化。

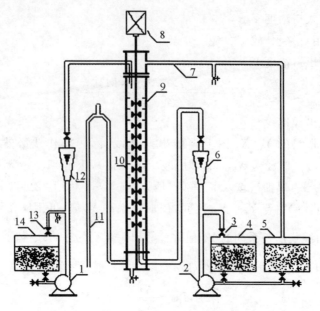

图 4-9-2　液-液萃取实验装置图

1—水泵；2—油泵；3—煤油回流阀；4—煤油原料箱；5—煤油回收箱；6—煤油流量计；7—回流管；
8—电机；9—萃取塔；10—桨叶；11—π形管；12—转子流量计；13—水回流阀；14—水箱

四、实验方法

(1)在实验装置最左边的贮槽内放满水，在最右边的贮槽内放满配制好的轻相入口煤油，分别开动水相和煤油相送液泵的电闸，将两相的回流阀打开，使其循环流动。

(2)全开水相的转子流量计调节阀，将重相(连续相)送入塔内。当塔内水面快上升到重相入口与轻相出口间中点时，将水流量调至指定值(4 L/h)，并缓慢改变 π 形管高度使塔内液位稳定在重相入口与轻相出口之间中点左右的位置上。

(3)将调速装置的旋钮调至零位，然后接通电源，开动电动机并调至某一固定的转速。调速时应小心谨慎，慢慢地升速，绝不能调节过量致使马达产生"飞转"而损坏设备。

(4)将轻相(分散相)流量调至指定值(6 L/h)，并注意及时调节 π 形管的高度。在实验过程中，始终保持塔顶分离段两相界面位于重相入口与轻相出口之间中点左右。

(5)在操作过程中，要绝对避免塔顶的两相界面过高或过低。若两相界面过高，到达轻相出口的高度，则将导致重相混入轻相贮罐。

(6)操作稳定半小时后用锥形瓶收集轻相进、出口的样品各约 50 mL，重相出口样品约 100 mL，以便分析浓度之用。

(7)取样后，即可改变桨叶的转速，保持其他条件不变，进行第二个实验点的测定。

(8)根据容量分析法测定各样品的浓度。用移液管分别取煤油相 10 mL，水相 25 mL做样品，以酚酞作指示剂，用 0.01 mol/L 左右 NaOH 标准液滴定样品中的苯甲酸。在滴定煤油相时应在样品中加数滴非离子型表面活性剂醚磺化 AES(脂肪醇聚乙烯醚硫酸酯钠盐)，也可加入其他类型的非离子型表面活性剂，并剧烈地摇动，滴定至终点。

(9)实验完毕后，关闭两相流量计。将调速器调至零位，使搅拌轴停止转动，切断电源。

滴定分析过的煤油应集中回收存放。洗净分析仪器,一切还原,保持实验台面的整洁。

五、实验注意事项

1.调节桨叶转速时一定要小心谨慎,慢慢地升速,最高转速机械上可达 700 r/min。从流体力学性能方面考虑,若转速太高,容易形成液泛,使操作不稳定。对于煤油-水-苯甲酸物系,建议在 600 r/min 以下操作。

2.在整个实验过程中塔顶两相界面一定要控制在轻相出口和重相入口之间适中位置并保持不变。

3.由于分散相和连续相在塔顶、塔底滞留很大,改变操作条件后,稳定时间一定要足够长,大约要用半小时,否则误差极大。

4.煤油的实际体积流量并不等于流量计的读数。需用煤油的实际流量数值时,必须用流量修正公式对流量计的读数进行修正后方可使用。

5.煤油流量不要太小或太大,太小会使煤油出口的苯甲酸浓度太低,从而导致分析误差较大;太大会使煤油消耗过大。建议水流量取 4 L/h,煤油流量取 6 L/h。

六、实验结果

1.测量并记录实验基本参数
(1)萃取塔
    塔径:$D=$ mm
    塔身高:$h=$ mm
    塔的有效高度:$H=$ mm
(2)水泵、油泵
    型号:
    电压:$U=$ V
    功率:$P=$ W
    扬程:$H=$ m
(3)转子流量计
    型号:
    流量:
    精度: 级
2.实验数据的计算过程及结果

表 4-9-1 Y_E 与 $\dfrac{1}{Y_E^* - Y_E}$ 的数据关系记录表

Y_E	X_R	Y_E^*	$\dfrac{1}{Y_E^* - Y_E}$

在直角坐标方格纸上,以 Y_E 为横坐标,$\dfrac{1}{Y_E^* - Y_E}$ 为纵坐标,将上表的 Y_E 与 $\dfrac{1}{Y_E^* - Y_E}$ 的

一系列对应值绘成曲线,按萃取相计算传质单元数,$N_{OE} = \displaystyle\int_{Y_{Et}}^{Y_{Eb}} \dfrac{\mathrm{d}Y_E}{Y_E^* - Y_E}$

3. 按萃取相计算传质单元高度 H_{OE}

4. 按萃取相计算体积总传质系数 $K_{YE}a = S/(H_{OE} \times \Omega)$

5. 实验数据及计算结果列表

表 4-9-2　液-液萃取实验数据记录表

(塔型:筛板式萃取塔,塔内径:37 mm,溶质 A:苯甲酸,稀释剂 B:煤油,

萃取剂 S:水,连续相:水,分散相:煤油,重相密度:998.65 kg/m³,轻相密度:800 kg/m³,

流量计转子密度 $\rho_f = 7\,900$ kg/m³,塔的有效高度:0.75 m,塔内温度 $t = 29.8\ ℃$)

项目			实验 1	实验 2
桨叶转速(r/min)				
水流量(L/h)				
煤油流量(L/h)				
煤油实际流量(L/h)				
NaOH 溶液浓度(mol/L)				
浓度分析	塔底轻相 X_{Rb}	样品体积(mL)		
		NaOH 用量(mL)		
	塔顶轻相 X_{Rt}	样品体积(mL)		
		NaOH 用量(mL)		
	塔底重相 Y_{Bb}	样品体积(mL)		
		NaOH 用量(mL)		
计算及实验结果	塔底轻相浓度 X_{Rb}(kgA/kgB)			
	塔顶轻相浓度 X_{Rt}(kgA/kgB)			
	塔底重相浓度 Y_{Bb}(kgA/kgB)			
	水流量 S(kgS/h)			
	煤油流量 B(kgB/h)			
	传质单元数 N_{OE}(图解积分)			
	传质单元高度 H_{OE}(m)			
	体积总传质系数 $K_{YE}a\{kgA/[m^3 \cdot h \cdot (kgA/kgS)]\}$			

七、思考题

1. 如何测定萃取实验中各样品的浓度?

2. 计算一定转速下塔底重相出口浓度 Y_{Eb},按萃取相计算传质单元高度 H_{OE},按萃取相计算体积总传质系数 $K_{YE}a$。

第5章 化工原理综合实验

实验1 流体综合实验

一、实验目的

1.测定实验管路内流体流动的直管阻力和直管摩擦系数 λ,以及 λ 与雷诺数 Re 和相对粗糙度 ε/d 之间的关系曲线。

2.测定阀门的局部阻力系数 ζ。

3.测定离心泵的特性曲线。

4.测定文丘里流量计的雷诺数 Re 和流量系数 C_0 的关系。

二、实验原理

1.流体阻力的测定

在管道内流动时,由于流体内摩擦力的存在,必然有能量损耗,此损耗量为直管阻力损失。如图5-1-1所示,取等直径的1、2两截面,根据伯努利方程求阻力损失。

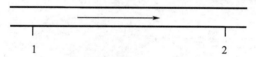

图 5-1-1 测流体阻力管路

在被测直管段的两取压口之间列伯努利方程式,可得:

$$\Delta p_f = \Delta p \tag{5-1-1}$$

$$h_f = \frac{\Delta p_f}{\rho} = \lambda \frac{l}{d} \frac{u^2}{2} \tag{5-1-2}$$

$$\lambda = \frac{2d}{l\rho} \frac{\Delta p_f}{u^2} \tag{5-1-3}$$

$$Re = \frac{du\rho}{\mu} \tag{5-1-4}$$

式中,d 为管径,m;l 为管长,m;u 为流体速度,m/s;h_f 为直管阻力引起的能量损失,J/kg;Δp_f 为直管阻力引起的压力降,Pa;ρ 为液体密度,kg/m³;μ 为液体黏度,Pa·s;λ 为摩擦阻力系数;Re 为雷诺数。

测得一系列流量下的 Δp_f 值后,根据式(5-1-1)、(5-1-3)计算出不同流速下的 λ 值。用式(5-1-4)计算出 Re 值,从而整理出 λ-Re 之间的关系,在双对数坐标纸上绘出 λ-Re 曲线。

2.局部阻力系数 ζ 的测定

$$h_f' = \frac{\Delta p_f'}{\rho} = \zeta \frac{u^2}{2} \tag{5-1-5}$$

$$\zeta = \left(\frac{2}{\rho}\right) \cdot \frac{\Delta p'_f}{u^2} \tag{5-1-6}$$

式中，ζ 为局部阻力系数；$\Delta p'_f$ 为局部阻力引起的压力降，Pa；h'_f 为局部阻力引起的能量损失，J/kg；u 为流体速度，m/s；ρ 为液体密度，kg/m³。

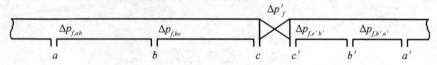

图 5-1-2 局部阻力测量取压口布置图

局部阻力引起的压力降 $\Delta p'_f$ 可用下面的方法测量：在一条各处直径相等的直管段上，安装待测局部阻力的阀门，在其上、下游开两对测压口 $a\text{-}a'$ 和 $b\text{-}b'$，见图 5-1-2，使 $ab = bc$，$a'b' = b'c'$，则：

$$\Delta p_{f,ab} = \Delta p_{f,bc}, \quad \Delta p_{f,a'b'} = \Delta p_{f,b'c'}$$

在 $a\text{-}a'$ 之间压差为：

$$p_a - p_{a'} = 2\Delta p_{f,ab} + 2\Delta p_{f,a'b'} + \Delta p'_f \tag{5-1-7}$$

在 $b\text{-}b'$ 之间压差为：

$$p_b - p_{b'} = \Delta p_{f,bc} + \Delta p_{f,b'c'} + \Delta p'_f = \Delta p_{f,ab} + \Delta p_{f,a'b'} + \Delta p'_f \tag{5-1-8}$$

联立式(5-1-7)和式(5-1-8)，则：

$$\Delta p'_f = 2(p_b - p_{b'}) - (p_a - p_{a'}) \tag{5-1-9}$$

为了实验方便，称 $(p_b - p_{b'})$ 为近点压差，称 $(p_a - p_{a'})$ 为远点压差，可用压差传感器来测量。

3. 离心泵性能的测定

(1) 流速的计算

用涡轮流量计测量后计算得到。

(2) 外加压头 H 的测定

泵的吸入口为 1 面，压出口为 2 面，从 1 到 2 截面之间列伯努利方程式：

$$z_1 + \frac{p_1}{\rho g} + \frac{u_1^2}{2g} + H = z_2 + \frac{p_2}{\rho g} + \frac{u_2^2}{2g} + \sum H_f \tag{5-1-10}$$

$$H = (z_2 - z_1) + \frac{p_2 - p_1}{\rho g} + \frac{u_2^2 - u_1^2}{2g} + \sum H_f \tag{5-1-11}$$

式中，$\sum H_f$ 是泵的吸入口和压出口之间管路内的流体流动阻力，与伯努利方程式中其他项比较，$\sum H_f$ 值很小，动压头 $\frac{u_2^2 - u_1^2}{2g}$ 也很小，两者可忽略。于是式(5-1-11)可近似为：

$$H = (z_2 - z_1) + \frac{p_2 - p_1}{\rho g} \tag{5-1-12}$$

(3) P 的测定

功率表测得的功率为电动机的输入功率。由于泵由电动机直接带动，传动效率可视为 1，所以电动机的输出功率等于泵的轴功率。即：

泵的轴功率＝电动机的输出功率

电动机的输出功率＝电动机的输入功率×电动机的效率

则：

泵的轴功率＝功率表的读数×电动机的效率

$$P = UI \tag{5-1-13}$$

(4) η 的测定

$$P_e = q_V \rho g H \tag{5-1-14}$$

$$\eta = \frac{P_e}{P} \tag{5-1-15}$$

式中, η 为泵的效率; P 为泵的轴功率, kW; P_e 为泵的有效功率, kW; q_V 为泵的流量, $\mathrm{m^3/s}$; ρ 为液体的密度, $\mathrm{kg/m^3}$。

4. 流量计的测定

涡轮流量计可测得体积流量 q_V, $\mathrm{m^3/s}$; 流量计可测得压差 Δp, Pa。

由 $q_V = C_0 A_0 \sqrt{\dfrac{2\Delta p}{\rho}}$ 可得:

$$C_0 = \frac{q_V}{A_0 \sqrt{\dfrac{2\Delta p}{\rho}}} \tag{5-1-16}$$

式中, C_0 为流量系数; A_0 为孔截面积, $\mathrm{m^2}$。

由实验数据绘制流量标定曲线, 同时用式(5-1-16)整理数据, 可进一步得到 C_0-Re 关系曲线。

5. 管路特性测定

管路特性测定的计算过程与 3 同。

三、实验装置

1. 流体阻力

(1) 被测直管段

　　光滑管管径 d:0.008 0 m; 管长 l:1.70 m; 材料:不锈钢

　　粗糙管管径 d:0.010 m; 管长 l:1.70 m; 材料:不锈钢

(2) 玻璃转子流量计

型　号	测量范围(L/h)	精度
LZB-25	100~1000	1.5
LZB-10	10~100	2.5

(3) 压差传感器

　　型号:LXWY　　　测量范围:0 kPa~200 kPa

(4) 数显表

　　型号:501　　　测量范围:0 kPa~200 kPa

(5) 离心泵

　　型号:WB70/055　　流量:20 L/h~200 L/h　　扬程:19 m~13.5 m

　　电机功率:550 W　　电流:1.35 A　　　电压:380 V

2. 流量计测量

　　涡轮流量计(单位:$\mathrm{m^3/h}$)

　　文丘里流量计　文丘里喉径:0.020 m, 实验管路管径:0.045 m

化工原理实验

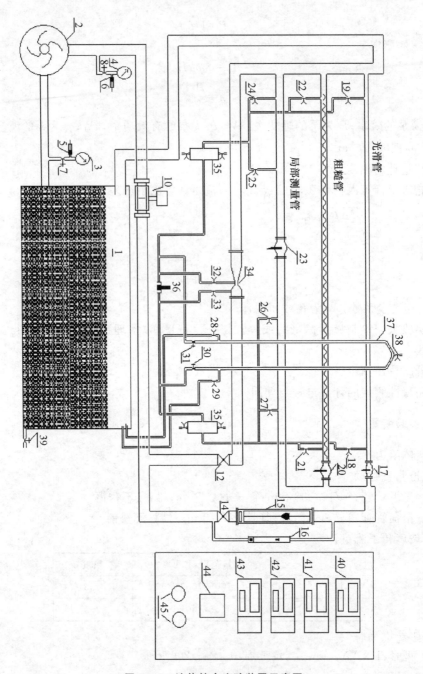

图 5-1-3　流体综合实验装置示意图

1—水箱；2—离心泵；3—真空表；4—压力表；5—真空传感器；6—压力传感器；7—真空表阀；8—压力表阀；10—
大涡轮流量计；12—管路控制阀；14—流量调节阀；15—大流量计；16—小流量计；17—光滑管阀；18—光滑管测
压进口阀；19—光滑管测压出口阀；20—粗糙管；21—粗糙管测压进口阀；22—粗糙管测压出口阀；23—测局部
阻力阀；24—测局部阻力压力远端出口阀；25—测局部阻力压力近端出口阀；26—测局部阻力压力近端进口阀；
27—测局部阻力压力远端进口阀；28,29—U形管下端放水阀；30—U形管测压进口阀；31—U形管测压出口阀；
32,33—文丘里测压出、进口阀；34—文丘里流量计；35—压力缓冲罐；36—压力传感器；37—倒U形管；38—U
形管上端放空阀；39—水箱放水阀；40,41,42,43—数显表；44—变频器；45—总电源

3. 离心泵

离心泵:流量 $q_V = 4\ \mathrm{m^3/h}$,扬程 $H = 8\ \mathrm{m}$,轴功率 $P = 168\ \mathrm{W}$。

真空表测压位置管内径 $d_1 = 0.025\ \mathrm{m}$。

压力表测压位置管内径 $d_2 = 0.045\ \mathrm{m}$。

真空表与压力表测压口之间的垂直距离 $h_0 = 0.42\ \mathrm{m}$。

电机效率为 60%。

流量测量:涡轮流量计。

功率测量:功率表型号 PS-139,精度 1.0 级。

泵吸入口真空度的测量:真空表表盘直径 100 mm,测量范围 $-0.1\ \mathrm{MPa} \sim$ 0 MPa,精度 1.5 级。

泵出口压力的测量:压力表表盘直径 100 mm,测量范围 0 MPa～0.25 MPa,精度 1.5 级。

4. 变频器

型号:N2-401-H　　　规格:0 Hz～50 Hz

5. 数显温度计

型号:501BX

四、实验方法

1. 流体阻力的测量

(1)向储水槽内注蒸馏水,直至水满为止。

(2)首先,将阀门 7、8、12、14、23、24、25、26、27、28、29、32、33、38 关闭,阀门 18、19、20、21、22、30、31 全开。其次,打开总电源开关,用变频调速器启动离心泵。再次,将阀门 14 缓慢打开,在大流量状态下将实验管路中的气泡赶出。

将流量调为 0,关闭阀门 30、31,打开阀门 38 后,分别缓慢打开阀门 28、29,将 U 形管内两液调到管中心位置,再关闭阀门 28、29。打开阀门 30、31,若空气-水倒 U 形管内两液柱的高度差不为 0,则说明系统内有气泡存在,需赶净气泡方可测取数据。赶净气泡的方法:将流量稍调大,重复步骤(2)排出导压管内的气泡,直至排净为止。

(3)待管路中气泡排净后开始实验,将被测管路阀门全部打开,非被测管路的阀门全部关闭。

(4)在流量稳定的情况下,测得直管阻力压差。数据顺序可从大流量至小流量,反之也可,一般测 15～20 组数据,建议当流量读数小于 200 L/h 时,只用空气-水倒 U 形管测压差。

(5)待数据测量完毕,关闭流量调节阀,切断电源。

(6)粗糙管、局部阻力测量方法同前。

2. 流量计性能的测定

(1)首先将全部阀门关闭。打开总电源开关,用变频调速器启动离心泵。

(2)缓慢打开调节阀 12 至全开。待系统内流体稳定,即系统内已没有气体时,打开文丘里流量计导压管开关及阀门 32、33,在涡轮流量计显示流量稳定的情况下,测得文丘里流量计两端压差。

(3)测取数据的顺序可从最大流量至0,反之亦可。一般测15～20组数据。

(4)每次测量应记录涡轮流量计流量、文丘里流量计两端压差及流体温度。

3.离心泵性能的测定

(1)首先将全部阀门关闭。打开总电源开关,用变频调速器启动离心泵。

(2)缓慢打开调节阀12至全开。待系统内流体稳定,即系统内已没有气体,打开压力表和真空表的开关,方可测取数据。

(3)测取数据的顺序可从最大流量至0,反之亦可。一般测15～20组数据。

(4)每次测量同时记录涡轮流量计流量,压力表、真空表、功率表的读数及流体温度。

4.管路特性的测量

(1)首先将全部阀门关闭。打开总电源开关,用变频调速器启动离心泵。将流量调节阀12调至某一状态(使系统的流量为一固定值)。

(2)调节离心泵电机频率以得到管路特性改变状态。调节范围为0 Hz～50 Hz,利用变频器上(∧)、(∨)和(RESET)键调节频率,调节完后点击(READ/ENTER)键确认即可。

(3)每改变电机频率一次,记录一次数据:大涡轮流量计的流量、泵入口真空度、泵出口压力。

五、实验注意事项

1.一定要赶净气泡后方可测取数据,并按顺序控制流量大小。

2.待数据测量完毕,应先关闭流量调节阀,再停泵,最后切断电源。

六、实验结果

表 5-1-1　流体阻力实验数据记录表

(光滑管内径:8 mm,管长:1.70 m,液体温度 $t=$____℃,液体密度 $\rho=$____ kg/m^3,

液体黏度 $\mu=$____ Pa·s)

序号	流量 q_V (L/h)	直管压差 Δp (kPa)	(mH$_2$O)	Δp (Pa)	流速 u (m/s)	Re	λ
1							
2							
3							
4							
5							
6							
7							
8							
9							
10							

表 5-1-2　流体阻力实验数据记录表

（粗糙管内径 10 mm,管长 1.70 m）

序号	流量 q_V (L/h)	直管压差 Δp		Δp	流速 u (m/s)	Re	λ
		(kPa)	(mH$_2$O)	(Pa)			
1							
2							
3							
4							
5							
6							
7							
8							
9							
10							

表 5-1-3　局部阻力系数 ζ 测定的数据记录表

（管内径 15 mm）

流量 q_V(L/h)					流速 u(m/s)			
序号		局部压差 $\Delta p_{aa'}$		$\Delta p_{aa'}$	局部压差 $\Delta p_{bb'}$		$\Delta p_{bb'}$	局部阻力系数 ζ
		(kPa)	(mH$_2$O)	(Pa)	(kPa)	(mH$_2$O)	(Pa)	
1	全开							
2	半开							

表 5-1-4　文丘里流量计性能测定实验数据记录表

（管路管内径:0.045 m,文丘里喉径:0.020 m）

序号	流量 q_V(m^3/h)	压差 Δp(kPa)	流速 u(m/s)	Re	C_0
1					
2					
3					
4					
5					

表 5-1-5　离心泵性能测定实验数据记录表

（真空表处管内径 $d_1 = 0.025$ m，压力表处管内径 $d_2 = 0.045$ m，

两表测压口之间的垂直距离 $h_0 = 0.42$ m）

序号	入口压力 p_1 （MPa）	出口压力 p_2 （MPa）	压头 H （m）	流量 q_V （L/h）	有效功率 P_e（kW）	泵轴功率 P（W）	η （%）
1							
2							
3							
4							
5							

表 5-1-6　离心泵管路特性曲线实验数据记录表

序号	电机频率 （Hz）	入口压力 p_1 （MPa）	出口压力 p_2 （MPa）	流量 q_V （L/h）	压头 H （m）
1					
2					
3					
4					
5					

七、思考题

1.计算液体流量 $q_V = 400$ L/h、$q_V = 40$ L/h，光滑管的摩擦系数 λ，并写出计算过程。

2.计算液体流量 $q_V = 400$ L/h、$q_V = 40$ L/h，粗糙管的摩擦系数 λ，并写出计算过程。

3.计算液体一定流量下，阀门全开、半开的局部阻力系数 ζ，并写出计算过程。

4.计算液体一定流量下，文丘里流量计的流量系数 C_0，并写出计算过程。

实验2 传热综合实验

一、实验目的

1. 研究空气-水蒸气普通套管换热实验,掌握对流传热系数 α_i 的测定方法。

2. 研究对管程内部插有螺旋线圈的空气-水蒸气强化套管换热实验,进一步巩固对流传热系数 α_i 的测定方法。

3. 利用线性回归分析方法,确定普通传热管特征数关联式 $Nu_0 = ARe^m Pr^{0.4}$ 中常数 A、m 数值,强化管特征数关联式 $Nu = BRe^m Pr^{0.4}$ 中 B 和 m 的数值。

4. 根据 Nu/Nu_0 分析强化传热的效果,加深对其影响因素的理解。

二、实验原理

1. 普通套管换热器

(1)对流传热系数 α_i 的测定

对流传热系数 α_i 可以根据牛顿冷却定律,通过实验来测定。因为 $\alpha_i < \alpha_0$,所以传热管内的对流传热系数 $\alpha_i \approx K$,$K[\mathrm{W}/(\mathrm{m}^2 \cdot \mathrm{K})]$ 为热冷流体间的总传热系数,且:

$$K = Q_i / (\Delta t_m \times S_i)$$

$$\alpha_i \approx \frac{Q_i}{\Delta t'_m \times S_i} \qquad (5\text{-}2\text{-}1)$$

式中,α_i 为管内流体对流传热系数,$\mathrm{W}/(\mathrm{m}^2 \cdot \mathrm{K})$;$Q_i$ 为管内传热速率,W;S_i 为管内传热面积,m^2;Δt_m 为管内两流体间的平均温度差,K。

流体与管壁间的平均温度差:

$$\Delta t'_m = T_w - t \qquad (5\text{-}2\text{-}2)$$

式中,t 为冷流体的入口、出口平均温度,K;T_w 为壁面平均温度,K。

因为换热器内管为紫铜管,其导热系数很大,且管壁很薄,故认为内壁温度、外壁温度和壁面平均温度近似相等,用 T_w 来表示,由于管外使用蒸气,所以 T_w 近似等于热流体的平均温度,所以 $\Delta t_m \approx \Delta t'_m$。

管内换热面积:

$$S_i = \pi d_i L_i \qquad (5\text{-}2\text{-}3)$$

式中,d_i 为内管管内径,m;L_i 为传热管测量段的实际长度,m。

热量衡算式:

$$Q_i = q_{mi} c_{pi} (t_{i2} - t_{i1}) \qquad (5\text{-}2\text{-}4)$$

质量流量:

$$q_{mi} = q_{Vi} \rho_i \qquad (5\text{-}2\text{-}5)$$

式中,q_{Vi} 为冷流体在套管内的平均体积流量,m^3/h;c_{pi} 为冷流体的定压比热,$\mathrm{kJ}/(\mathrm{kg} \cdot \mathrm{K})$;$\rho_i$ 为冷流体的密度,kg/m^3。

c_{pi} 和 ρ_i 可根据定性温度 t_m 查得, $t_m = \dfrac{t_1 + t_2}{2}$, 为冷流体进出口平均温度。

（2）无相变化条件下对流传热的特征数关联式的实验确定

流体在管内作强制湍流，加热状态下的特征数关联式为：

$$Nu_{i0} = ARe_i^m Pr_i^n \qquad (5\text{-}2\text{-}6)$$

式中, $Nu_{i0} = \dfrac{\alpha_i d_i}{\lambda_i}$, $Re_i = \dfrac{u_i d_i \rho_i}{\mu_i}$, $Pr_i = \dfrac{c_{pi}\mu_i}{\lambda_i}$ 。物性数据 λ_i 、 c_{pi} 、 ρ_i 、 μ_i 可根据定性温度 t_m 查得。经过计算可知，对于管内被加热的空气，普兰特数 Pr_i 变化不大，可以认为是常数，则关联式的形式可简化为：

$$Nu_{i0} = ARe_i^m Pr_i^{0.4} \qquad (5\text{-}2\text{-}7)$$

这样通过实验确定不同流量下的 Re_i 与 Nu_i ，然后用线性回归方法确定 A 和 m 的值。

2. 强化套管换热器

强化传热技术被称为第二代传热技术，可显著改善换热器的传热性能。它可以使初设计的传热面积减小，从而减小换热器的体积和重量，提高现有换热器的换热能力，达到强化传热的目的。同时换热器在较低温差下工作，减少了换热器工作阻力，减少了动力消耗，更合理有效地利用能源。强化传热的方法有多种，本实验装置采用了多种强化方式。例如，螺旋线圈的结构如图 5-2-1 所示，螺旋线圈由直径 3 mm 以下的铜丝和钢丝按一定节距绕成。将金属螺旋线圈插入并固定在管内，即可构成一种强化传热管。在近壁区域，流体一面由于螺旋线圈的作用而发生旋转，一面还周期性地受到线圈的螺旋金属丝的扰动，因而可以使传热强化。由于绕制线圈的金属丝直径很细，流体旋流强度也较弱，所以阻力较小，有利于节省能源。螺旋线圈是以线圈节距 H 与管内径 d 的比值以及管壁粗糙度（$2d/h$）为主要技术参数，且长径比是影响传热效果和阻力系数的重要因素。

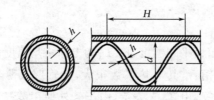

图 5-2-1　螺旋线圈强化管内部结构示意图

强化管特征数关系可同前述中一样简化为 $Nu_i = BRe_i^m Pr_i^{0.4}$ 的形式。在本实验中，确定不同流量下的 Re_i 与 Nu_i ，用线性回归的方法可确定 B 和 m 的值。

单纯研究强化手段的强化效果（不考虑阻力的影响），可以用强化比的概念作为评判准则，它的形式是： Nu/Nu_0 ，其中 Nu 是强化管的努塞尔数， Nu_0 是普通管的努塞尔数，显然，强化比 $Nu/Nu_0 > 1$ ，而且它的值越大，强化效果越好。需要说明的是，如果评判强化方式的真正效果和经济效益，则必须考虑阻力因素，阻力系数随着换热系数的增加而增加，从而导致换热性能的降低和能耗的增加，只有强化比较高，且阻力系数较小的强化方法，才是最佳的强化方法。

三、实验装置

1.实验装置流程示意图

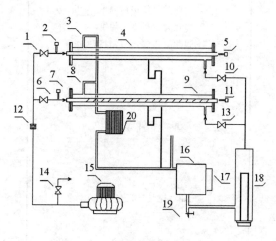

图 5-2-2　传热综合实验装置图

1—普通套管空气进口阀;2—普通套管空气进口温度数显仪;3—普通套管蒸气出口;4—普通套管换热器;5—普通套管空气出口温度数显仪;6—强化套管空气进口阀;7—强化套管空气进口温度数显仪;8—强化套管蒸气出口;9—内插有螺旋线圈的强化套管换热器;10—普通套管蒸气进口阀;11—强化套管空气出口温度数显仪;12—孔板流量计;13—强化套管蒸气进口阀;14—空气旁路调节阀;15—旋涡气泵;16—储水罐;17—液位计;18—蒸气发生器;19—排水阀;20—风扇

2.实验设备主要技术参数

表 5-2-1　实验装置结构参数记录表

实验内管内径 d_i(mm)		
实验内管外径 d_0(mm)		
实验外管内径 D_i(mm)		
实验外管外径 D_0(mm)		
测量段(紫铜内管)长度 L(m)		
强化内管内插物 (螺旋线圈)尺寸	丝径 h(mm)	
	节距 H(mm)	
孔板流量计孔流系数及孔径	$C_0=$ 、$d_0=$ m	
旋涡气泵		
加热釜	操作电压	
	操作电流	

3.实验装置面板图

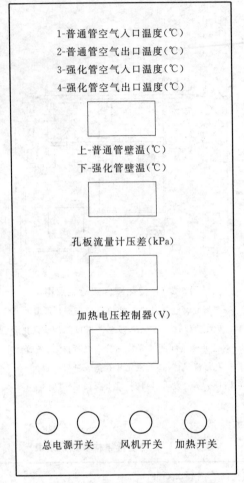

1-普通管空气入口温度(℃)

2-普通管空气出口温度(℃)

3-强化管空气入口温度(℃)

4-强化管空气出口温度(℃)

上-普通管壁温(℃)

下-强化管壁温(℃)

孔板流量计压差(kPa)

加热电压控制器(V)

总电源开关　　风机开关　　加热开关

图 5-2-3　传热过程综合实验面板图

四、实验方法

1.实验前的准备

(1)向储水罐中加水至液位计上端处。

(2)检查空气流量旁路调节阀是否全开。

(3)检查蒸气管支路各控制阀是否已打开,保证蒸气和空气管线的畅通。

(4)接通电源总闸,设定加热电压,启动电加热器开关,开始加热。

2.实验操作

(1)关闭通向强化套管的阀门 13,打开通向普通套管的阀门 10,当普通套管换热器的放空口 3 有水蒸气冒出时,可启动风机,此时要关闭阀门 6,打开阀门 1。在整个实验过程中始终保持换热器出口处有水蒸气冒出。

(2)启动风机后用空气旁路调节阀 14 来调节流量,调好某一流量后稳定 3 min~5 min,分别测量空气的流量,空气进、出口的温度及壁面温度。然后改变流量测量下组数据。一般从小流量到最大流量,要测量5~6组数据。

(3)测完普通套管换热器的数据后,要进行强化套管换热器实验。先打开蒸气支路阀13,全部打开空气旁路调节阀14,关闭蒸气支路阀10,打开空气支路阀6,关闭空气支路阀1,进行强化套管传热实验。实验方法同步骤(2)。

3.实验结束

实验结束后,依次关闭加热电源、风机和总电源,一切还原。

五、实验注意事项

1.检查蒸气加热釜中的水位是否在正常范围内。特别是每个实验结束后,进行下一实验之前,如果发现水位过低,应及时补给水量。

2.必须保证蒸气上升管线的畅通。即在给蒸气加热釜电压之前,两蒸气支路阀门之一必须全开。在转换支路时,应先开启需要的支路阀门,再关闭另一侧,且开启和关闭阀门必须缓慢,防止管线截断或蒸气压力过大突然喷出。

3.必须保证空气管线的畅通。即在接通风机电源之前,两个空气支路控制阀门之一和旁路调节阀门必须全开。在转换支路时,应先关闭风机电源,然后再开启和关闭支路阀门。

4.调节流量后,应至少稳定3 min~8 min后再读取实验数据。

5.实验中为保持上升蒸气量的稳定,不应改变加热电压,且保证蒸气放空口一直有蒸气放出。

六、实验结果

表5-2-2 普通管换热器实验数据记录表

[管内径 $d_i=20$ mm,管长 $l=1.20$ m,密度 $\rho=$____ kg/m³,热导率 $\lambda=$____ W/(m·K),

黏度 $\mu=$____ Pa·s,比热容 $c_p=$____ kJ/(kg·K)]

序号	1	2	3	4	5	6
Δp(kPa)						
t_1(℃)						
t_2(℃)						
t(℃)						
T_w(℃)						
Δt_m(℃)						
Q(W)						
K[W/(m²·K)]						
α_i[W/(m²·K)]						
Re						
Nu_0						
$Nu_0/(Pr^{0.4})$						

表 5-2-3　强化管换热器实验数据记录表

（管内径 $d_i = 20$ mm，管长 $l = 1.20$ m）

序号	1	2	3	4	5	6
Δp(kPa)						
t_1(℃)						
t_2(℃)						
t(℃)						
T_w(℃)						
Δt_m(℃)						
Q(W)						
$K[\text{W}/(\text{m}^2 \cdot \text{K})]$						
$\alpha_i[\text{W}/(\text{m}^2 \cdot \text{K})]$						
Re						
Nu						
$Nu/(Pr^{0.4})$						

七、思考题

1. 计算 $\Delta p = 2.5$ kPa 时，普通管、强化管换热器的对流传热系数 α_i。

2. 对 α_i 的实验数据进行线性回归，确定关联式 $Nu = ARe^m Pr^{0.4}$ 中常数 A、m 的数值。

3. 通过关联式 $Nu = ARe^m Pr^{0.4}$ 计算出 Nu、Nu_0，并确定传热强化比 Nu/Nu_0。

实验 3　连续精馏计算机数据采集和过程控制实验

一、实验目的

1. 了解板式精馏塔的结构和操作方法。
2. 学习精馏塔性能参数的测量方法,并掌握其影响因素。

二、实验原理

对于二元物系,如已知其气液平衡数据,则根据精馏塔的原料液组成、进料热状况、操作回流比及塔顶馏出液组成、塔底釜液组成可以求出该塔的理论板数 N_T,按照式 (5-3-1) 可以得到总板效率 E_T,其中 N_P 为实际塔板数。

$$E_T = \frac{N_T}{N_P} \times 100\% \qquad (5\text{-}3\text{-}1)$$

部分回流时,进料热状况参数的计算式为:

$$q = 1 + \frac{c_{pL}(t_b - t_F)}{r} \qquad (5\text{-}3\text{-}2)$$

式中,t_F 为进料温度,℃;t_b 为进料的泡点温度,℃;c_{pL} 为进料液体在平均温度 $\frac{t_b + t_F}{2}$ 下的比热,kJ/(kmol·℃);r 为进料液体在其组成和泡点温度下的摩尔汽化热,kJ/kmol。

$$c_{pL} = c_{p1} x_1 + c_{p2} x_2 \qquad (5\text{-}3\text{-}3)$$
$$r = r_1 x_1 + r_2 x_2 \qquad (5\text{-}3\text{-}4)$$

式中,c_{p1},c_{p2} 分别为纯组分 1 和组分 2 在平均温度下的比热,kJ/(kmol·℃);r_1,r_2 分别为纯组分 1 和组分 2 在泡点温度下的摩尔汽化热,kJ/kmol;x_1,x_2 分别为纯组分 1 和组分 2 在进料中的摩尔分率。

三、实验装置

1. 实验设备流程图(见图 5-3-1)
2. 实验设备主要技术参数

表 5-3-1　精馏塔结构参数

名称	直径 (mm)	高度 (mm)	板间距 (mm)	板数 (块)	板型、孔径 (mm)	降液管 (mm)	材质
塔体	$\Phi 57 \times 3.5$	100	100	10	筛板 2.0	$\Phi 8 \times 1.5$	不锈钢
塔釜	$\Phi 100 \times 2$	300					不锈钢
塔顶冷凝器	$\Phi 57 \times 3.5$	300					不锈钢
塔釜冷凝器	$\Phi 57 \times 3.5$	300					不锈钢

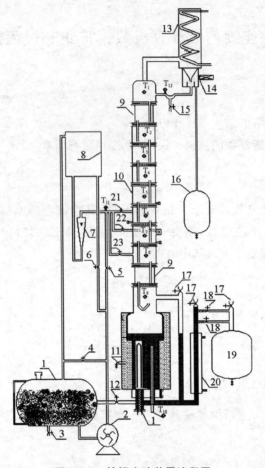

图 5-3-1　精馏实验装置流程图

1—储料罐;2—进料泵;3—放料阀;4—料液循环阀;5—直接进料阀;6—间接进料阀;7—流量计;8—高位槽;9—玻璃观察段;10—精馏塔;11—塔釜取样阀;12—釜液放空阀;13—塔顶冷凝器;14—回流比控制器;15—塔顶取样阀;16—塔顶液回收罐;17—放空阀;18—塔釜出料阀;19—塔釜储料罐;20—塔釜冷凝器;21—第六块板进料阀;22—第七块板进料阀;23—第八块板进料阀;$T_{1\sim12}$—温度测点

3. 实验仪器及试剂

实验物系:乙醇-正丙醇(化学纯或分析纯)。乙醇沸点 78.3 ℃;正丙醇沸点 97.2 ℃,实验物系平衡关系见附表3。实验物系浓度要求:15%～25%(乙醇的质量分数),浓度分析使用阿贝折光仪,折光指数与溶液浓度的关系见附表4。

30 ℃下,质量分数与阿贝折光仪读数之间的关系也可按下列回归式计算:

$$w = 58.844\,116 - 42.613\,25 \times n_D \qquad (5\text{-}3\text{-}5)$$

式中,w 为乙醇的质量分数;n_D 为折光仪读数(折光指数)。

由质量分数可求出摩尔分率(x_A),乙醇的摩尔质量 $M_A = 46$ g/mol,正丙醇的摩尔质量 $M_B = 60$ g/mol,计算公式如下:

$$x_A = \dfrac{\dfrac{w_A}{M_A}}{\dfrac{w_A}{M_A} + \dfrac{1 - w_A}{M_B}} \qquad (5\text{-}3\text{-}6)$$

4.实验设备面板图

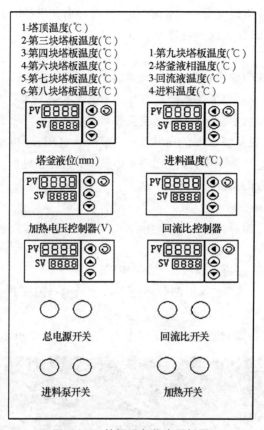

图 5-3-2　精馏设备仪表面板图

四、实验方法

1.实验前检查准备工作

(1)将与阿贝折光仪配套使用的超级恒温水浴(阿贝折光仪和超级恒温水浴用户自备)调整运行到所需的温度,并记录这个温度。将取样用注射器和镜头纸备好。

(2)检查实验装置上的各个旋塞、阀门,均应处于关闭状态。

(3)配制一定浓度(质量分数为 20％左右)的乙醇-正丙醇混合液(总容量为 15 L),倒入储料罐。

(4)打开直接进料阀门和进料泵开关,向精馏釜内加料到指定高度(冷液面在塔釜总高的 2/3 处),而后关闭进料阀门和进料泵。

2.实验操作

(1)全回流操作

①打开塔顶冷凝器进水阀门,保证冷却水足量(60 L/h 即可)。

②记录室温。接通总电源开关(220 V)。

③调节加热电压约为 130 V,待塔板上建立液层后再适当加大电压,使塔内维持正常操作。

④当各块塔板上鼓泡均匀后,保持加热电压不变,在全回流情况下稳定 20 min 左右,其间要随时观察塔内传质情况直至操作稳定。然后分别在塔顶、塔釜取样口用50 mL 三角瓶同时取样,通过阿贝折光仪分析样品浓度。

(2)部分回流操作

①打开间接进料阀门和进料泵开关,调节转子流量计,以 2.0 L/h～3.0 L/h 的流量向塔内加料,用回流比控制调节器调节回流比 $R=4$,馏出液收集在塔顶液回收罐中。

②塔釜产品经冷却后由溢流管流出,收集在容器内。

③待操作稳定后,观察塔板上传质状况,记下加热电压、塔顶温度等有关数据,整个操作中维持进料流量计读数不变,分别在塔顶、塔釜和进料三处取样,用折光仪分析其浓度并记录下进塔原料液的温度。

(3)实验结束

①测取实验数据并检查无误后可停止实验,先关闭进料阀门和加热开关,再关闭回流比调节器开关。

②停止加热 10 min 后再关闭冷却水,一切还原。

③根据物系的 t-x-y 关系,确定部分回流下进料的泡点温度并进行数据处理。

3.计算机控制实验操作

(1)打开计算机在桌面找到应用程序双击进入,如图 5-3-3 所示。

图 5-3-3 精馏实验应用程序

(2)进入程序后左键单击界面进入主控制界面(如图 5-3-4 所示),在主控制界面中同时显示出了各塔板温度及相应的控制按键,可以通过控制加热开关、进料开关、回流比开关(一般为红关、绿开),并且可以改变加热电压及回流比来完成全回流实验和部分回流实验,取样及分析方法同 2 中实验操作。进料量、进料口阀门开关及冷却水量还需手动调节,实验操作同 2。

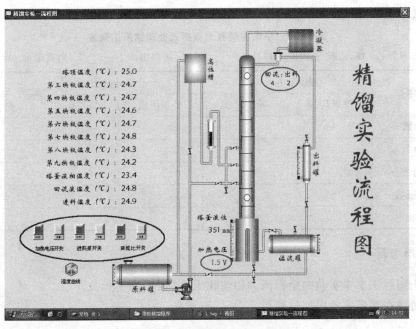

图 5-3-4　精馏实验流程图

（3）实验结束。

①测取实验数据并检查无误后可停止实验,先关闭进料阀门、进料泵开关和加热开关,再关闭回流比开关。

②停止加热 10 min 后再关闭冷却水,一切还原。

③根据物系的 t-x-y 关系,确定部分回流下进料的泡点温度并进行数据处理。

五、实验注意事项

1. 由于实验所用物系属易燃物,所以实验中要特别注意安全,操作过程中应避免其洒落以免发生危险。

2. 本实验设备加热功率由仪表自动调节,注意控制加热升温要缓慢,以免发生爆沸（过冷沸腾）使釜液从塔顶冲出。若出现此现象应立即断电,重新操作。升温和正常操作过程中釜的电功率不能过大。

3. 开机时要先接通冷却水再向塔釜供热,停机时操作反之。

4. 检测浓度时使用阿贝折光仪。读取折光指数时,一定要同时记录测量温度并按给定的温度-折光指数-液相组成之间的关系（附表 4）测定相关数据。

5. 为便于对全回流和部分回流的实验结果（塔顶产品质量）进行比较,应尽量使两组实验的加热电压及所用料液浓度相同或相近。连续实验时,应将前一次实验时留存在塔釜、塔顶、塔底产品接收器内的料液倒回原料液储罐中循环使用。

六、实验结果

1. 测定精馏塔在全回流条件下稳定操作后的各实验数据,以求得全塔理论塔板数和总板效率。

2. 测定精馏塔在某一回流条件下稳定操作后的各实验数据,以求得全塔理论塔板数和总板效率。

表 5-3-2　精馏实验原始数据及处理结果记录表

（实际塔板数：10 块，乙醇-正丙醇进料量 $q_V =$ _____ L/h，进料温度 $t =$ _____ ℃，泡点温度 $t =$ _____ ℃）

名称	全回流：$R = \infty$		部分回流：$R =$ _____		
	塔顶组成	塔釜组成	塔顶组成	塔釜组成	进料组成
折光指数 n_D					
质量分数 w					
摩尔分率 x					
理论板数					
总板效率					

七、思考题

1. 用图解法求本实验中全回流和回流比 $R = 4$ 时的理论板数。
2. 简述在精馏实验中如何测得 x_D、x_W、x_F 的值。

实验 4 连续搅拌釜式反应器液相反应动力学实验

一、实验目的

1. 测定连续操作的搅拌釜式反应器的反应速度。

2. 测定乙酸乙酯皂化反应的活化能,建立反应速度常数与温度间的关系式。

3. 掌握液相反应动力学的实验方法,研究连续流动反应器的流动特性和模型,加深对液相反应动力学和反应器原理的理解。

二、实验原理

1. 反应速度

连续流动搅拌釜式反应器的摩尔衡算基本方程为:

$$F_{A,0} - F_A - \int_0^V (-r_A) dV = \frac{dn_A}{dt} \tag{5-4-1}$$

对于定常流动下的全混流反应器,上式可简化为:

$$F_{A,0} - F_A - (-r_A)V = 0 \tag{5-4-2}$$

或可表示为:

$$(-r_A) = \frac{F_{A,0} - F_A}{V} \tag{5-4-3}$$

式中,$F_{A,0}$ 为流入反应器的反应物 A 的摩尔流量,mol/s;F_A 为流出反应器的反应物 A 的摩尔流量,mol/s;$(-r_A)$ 为以 A 的消耗速度来表示的反应速度,mol/(L·s),由全混流模型假设得知反应速度在反应器内为一定值;V 为反应器的有效容积,L;dn_A/dt 为在反应器内反应物 A 的累积速度,mol/s,当操作过程为定常态时,累积速度为零。

恒温下的液相反应通常可视为恒容过程。对恒容过程来说,反应前后体积流率不变,流入反应器的体积流率 $V_{s,0}$ 等于流出反应器的体积流率 V_s。若反应物 A 的起始浓度为 $c_{A,0}$,反应器出口亦即反应器内的反应物 A 的浓度为 c_A,则式(5-4-3)可改写为:

$$(-r_A) = \frac{c_{A,0} - c_A}{V/V_{s,0}} = \frac{c_{A,0} - c_A}{\tau} \tag{5-4-4}$$

式中,$\tau = V/V_{s,0}$ 为空间时间,s。对于恒容过程,进出口又无返混时,则空间时间也就是平均停留时间。

因此,当 V 和 $V_{s,0}$ 一定时,只要实验测得 $c_{A,0}$ 和 c_A,即可直接测得在一定温度下的反应速度 $(-r_A)$。

2. 反应速度常数

乙酸乙酯皂化反应为双分子反应,其化学计量关系式为:

$$CH_3COOC_2H_5 + NaOH \rightarrow CH_3COONa + C_2H_5OH \tag{5-4-5}$$
$$\quad (A) \qquad\quad (B) \qquad\quad (C) \qquad\quad (D)$$

因为该反应为双分子反应,则反应速度与反应物浓度的关系式可表示为:

$$(-r_A) = kc_A c_B \tag{5-4-6}$$

本实验中,反应物 A 和 B 采用相同的浓度和相同的流率,则式(5-4-6)可简化为:

$$(-r_A) = kc_A^2 \tag{5-4-7}$$

当反应温度 T 和反应容器有效容积 V 一定时,可利用改变流率的方法,测得不同 c_A 下的反应速度($-r_A$)。由($-r_A$)对 c_A^2 进行标绘,可得到一条直线。可由直线的斜率求取 k 值,或用最小二乘法进行线性回归求得 k 值。

3. 活化能

如果按照上述的方法,测得两种温度(T_1 和 T_2)下的反应速度常数 k_1 和 k_2,则可按阿仑尼乌斯(Arrhenius)公式计算该反应的活化能 E,即:

$$\ln \frac{k_2}{k_1} = \frac{E}{R} \left(\frac{T_2 - T_1}{T_2 T_1} \right) \tag{5-4-8}$$

式中,R 为理想气体常数,$R = 8.314$ J/(mol·K)。

再由 T_1、k_1(或 T_2、k_2)和 E 可计算得到指前因子,从而可建立计算不同温度下的反应速度常数的经验公式,即阿仑尼乌斯公式的具体表达式。

4. 质量检测

本实验采用电导方法测量反应物 A 的浓度变化。对于乙酸乙酯皂化反应,参与导电的离子有 Na^+、OH^- 和 CH_3COO^-,但 Na^+ 在反应前后浓度不变,OH^- 的迁移率远大于 CH_3COO^- 的迁移率。随着反应的进行,OH^- 不断减少,物系的电导值随之不断下降。因此,物系的电导值的变化与 $CH_3COOC_2H_5$ 的浓度变化成正比,而由电导电极测得的电导率 L 与其检测仪输出的电压信号 U 也呈线性关系,则如下关系式成立:

$$c_A = K(U - U_f) \tag{5-4-9}$$

式中,K 为比例常数;U 为由电导电极测得在不同转化率下与釜内溶液组成相应的电压信号值;U_f 为 CH_3COOCH_5 全部转化为 CH_3COONa 时的电压信号值。

本实验采用等摩尔进料,即乙酸乙酯水溶液和氢氧化钠水溶液浓度相同,且两者进料的体积流率相同。若两者浓度均为 0.02 mol/L,则反应过程的起始浓度 $c_{A,0}$ 应为 0.01 mol/L。因此,应预先精确配制浓度为 0.01 mol/L 的 NaOH 水溶液和浓度为 0.01 mol/L 的 CH_3COONa 水溶液。在预定的反应温度下,分别进行电导测定,测得的电压信号分别为 U_0 和 U_f,由此可确定上式中的比例常数 K 值。

三、实验装置

本实验装置由下列五部分组成:搅拌釜式反应器、原料液输送与计量系统、原料液预热与恒温系统、反应温度和搅拌转速测量与控制系统、质量检测系统。该装置的流程如图 5-4-1 所示。

搅拌釜式反应器的内径为 100 mm,高为 120 mm,高径比为 1.2,有效容积约为 1 L。搅拌器为六叶开启平直桨叶涡轮式,由直流电机直接驱动,并由转速测控仪进行测量和调控。反应器的筒体为透明无机玻璃,反应器内装有起预混合和预热作用的进料管,加热用的内热式电热管和控制液面的内溢流管,反应器内温度由测控仪控制恒定。电导池

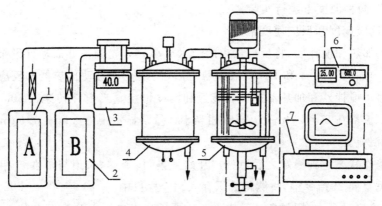

图 5-4-1　连续流动搅拌式反应器测定液相反应动力学参数的实验装置图
1—料液 A 贮桶;2—料液 B 贮桶;3—计量泵;4—预热器;
5—搅拌釜式反应器;6—电导、温度与转速测控仪;7—计算机

或电导电极插入反应器内,外接数字电导率仪和计算机,电导率仪测得的电信号经接口输入计算机。

两种反应物分别由贮槽经计量泵、预热器和预混合器进入反应器。生成液由溢流管排出,存放于废料桶中。

四、实验方法

1.实验前的准备工作

(1)新鲜配制 0.02 mol/L 的 NaOH 试液和 $CH_3COOC_2H_5$ 试液,分别存放于料液贮桶 A、B 中(见图 5-4-1),并严加密封。

(2)新鲜配制 0.01 mol/L 的 NaOH 试液和 NaAc 试液,以供标定浓度曲线之用。

(3)启动数字式电导率仪、控温仪、测速仪和计算机等电子仪器,并调节好软件中的数据采集程序。

2.标定浓度曲线的实验步骤

(1)向反应器中加入纯水;启动搅拌器并将转速调至 350 r/min～400 r/min;启动加热和恒温装置,并设定所需反应温度值;待温度恒定后,将装有 0.01 mol/L NaOH 试液和铂黑电极的试管(电导池)插入反应器,启动数据采集软件,测定该温度下与溶液浓度相应的电导信号。待电压值稳定后,用鼠标点击"开始采集"指令键,取曲线平直段的平均值,即为 U_o 值。再点击"数据存储 2"指令键,将数据存入相应栏目中。

(2)用上述类同的方法,将装有 0.01 mol/L NaAc 试液的电导池插入反应器,测得与 0.01 mol/L NaAc 浓度相应的电压值 U_f。

安装时要注意,试管(电导池)内的电极离管底 10 mm,液面高出电极 10 mm,以试管液面低于反应器液面 10 mm 以下为宜。为了试管内溶液的温度迅速均匀恒定,先可略微搅拌一下。每次向电导池装试液时,都要先用纯水冲洗试管和电极三次,接着再用被测液冲洗三次。

若要求在不同温度下进行实验,则可在设定温度下重复上述实验步骤。一般在

127

25 ℃和35 ℃两种温度下进行实验。

3.测定反应速度和反应速度常数

(1)停止加热和搅拌后,将反应器内的纯水放尽。首先调整并启动计量泵,通过预热器向反应器内加入料液 A 和 B。待液面稳定后(严禁空釜启动预热器和反应器,以防烧坏设备)再启动搅拌器和加热器并控制转速和温度恒定。当搅拌转速在 300 r/min 以上时,总的体积流量在 2.7 L/h～16 L/h(相当于计量泵显示 10 r/min～60 r/min)范围内,均可接近全混流。

(2)当操作状态达到稳定之后,点击"开始采集"指令键,采集与浓度 c_A 相应的 U 值。再点击"数据存储 2"指令键,将测得数据存入相应栏目中。

在等待稳定过程中,用量瓶和秒表由反应器溢流出口标定总体积流率。

(3)改变流量重复上述实验步骤,测得一组在一定反应温度下,不同流量时的 U 值数据。

最后,点击"数据存储 3"指令键,并赋予文件名存入计算机内。启动数据处理程序,进行数据处理。

(4)为了求取活化能,则需要在另一温度下重复上述实验步骤(一般在 25 ℃和 35 ℃两种温度下进行实验)。

4.实验结束工作

(1)先关闭加热和恒温系统,再关闭计量泵。

(2)关闭计算机,再关闭搅拌及加热系统,最后关掉电路总开关。

(3)打开底阀,接取釜内液体,准确测量反应器的有效容积(用量桶标定)。最后,用蒸馏水将反应器和电导池冲洗干净。将电导电极浸泡在蒸馏水中,待用。

五、实验注意事项

1.实验中所用的溶液都必须新鲜配制,确保溶液浓度准确。同时,配制溶液用水必须是电导率≤10^{-6} S/cm 的纯水。NaOH 和 $CH_3COOC_2H_5$ 料液贮桶必须严密,进气口需用合适的吸附剂除去空气中的水分和二氧化碳。

2.在浓度标定实验过程中,每次向电导池装新的试验液时,必须将电导池与电极按要求冲洗干净,不得简化操作步骤马虎行事。

3.对于液相反动力学实验,必须要保证浓度、温度和流率保持恒定和测量准确,因此要有足够的稳定时间。同时,还必须要确保计量泵的两路流量同时保持恒定。

六、实验结果

1.记录实验设备结构参数与操作参数(参数以实验数据处理软件内的为准)

(1)设备参数

反应釜的直径:$D=$ mm

高度:$H=$ mm

搅拌器的型式:

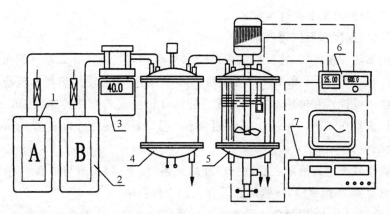

图 5-4-1　连续流动搅拌式反应器测定液相反应动力学参数的实验装置图

1—料液 A 贮桶；2—料液 B 贮桶；3—计量泵；4—预热器；

5—搅拌釜式反应器；6—电导、温度与转速测控仪；7—计算机

或电导电极插入反应器内，外接数字电导率仪和计算机，电导率仪测得的电信号经接口输入计算机。

两种反应物分别由贮槽经计量泵、预热器和预混合器进入反应器。生成液由溢流管排出，存放于废料桶中。

四、实验方法

1. 实验前的准备工作

(1) 新鲜配制 0.02 mol/L 的 NaOH 试液和 $CH_3COOC_2H_5$ 试液，分别存放于料液贮桶 A、B 中（见图 5-4-1），并严加密封。

(2) 新鲜配制 0.01 mol/L 的 NaOH 试液和 NaAc 试液，以供标定浓度曲线之用。

(3) 启动数字式电导率仪、控温仪、测速仪和计算机等电子仪器，并调节好软件中的数据采集程序。

2. 标定浓度曲线的实验步骤

(1) 向反应器中加入纯水；启动搅拌器并将转速调至 350 r/min～400 r/min；启动加热和恒温装置，并设定所需反应温度值；待温度恒定后，将装有 0.01 mol/L NaOH 试液和铂黑电极的试管（电导池）插入反应器，启动数据采集软件，测定该温度下与溶液浓度相应的电导信号。待电压值稳定后，用鼠标点击"开始采集"指令键，取曲线平直段的平均值，即为 U_0 值。再点击"数据存储2"指令键，将数据存入相应栏目中。

(2) 用上述类同的方法，将装有 0.01 mol/L NaAc 试液的电导池插入反应器，测得与 0.01 mol/L NaAc 浓度相应的电压值 U_f。

安装时要注意，试管（电导池）内的电极离管底 10 mm，液面高出电极 10 mm，以试管液面低于反应器液面 10 mm 以下为宜。为了试管内溶液的温度迅速均匀恒定，先可略微搅拌一下。每次向电导池装试液时，都要先用纯水冲洗试管和电极三次，接着再用被测液冲洗三次。

若要求在不同温度下进行实验，则可在设定温度下重复上述实验步骤。一般在

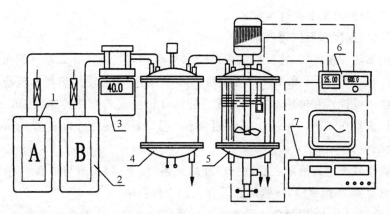

25 ℃和35 ℃两种温度下进行实验。

3.测定反应速度和反应速度常数

(1)停止加热和搅拌后,将反应器内的纯水放尽。首先调整并启动计量泵,通过预热器向反应器内加入料液 A 和 B。待液面稳定后(严禁空釜启动预热器和反应器,以防烧坏设备)再启动搅拌器和加热器并控制转速和温度恒定。当搅拌转速在 300 r/min 以上时,总的体积流量在 2.7 L/h~16 L/h(相当于计量泵显示 10 r/min~60 r/min)范围内,均可接近全混流。

(2)当操作状态达到稳定之后,点击"开始采集"指令键,采集与浓度 c_A 相应的 U 值。再点击"数据存储 2"指令键,将测得数据存入相应栏目中。

在等待稳定过程中,用量瓶和秒表由反应器溢流出口标定总体积流率。

(3)改变流量重复上述实验步骤,测得一组在一定反应温度下,不同流量时的 U 值数据。

最后,点击"数据存储 3"指令键,并赋予文件名存入计算机内。启动数据处理程序,进行数据处理。

(4)为了求取活化能,则需要在另一温度下重复上述实验步骤(一般在 25 ℃和 35 ℃两种温度下进行实验)。

4.实验结束工作

(1)先关闭加热和恒温系统,再关闭计量泵。

(2)关闭计算机,再关闭搅拌及加热系统,最后关掉电路总开关。

(3)打开底阀,接取釜内液体,准确测量反应器的有效容积(用量桶标定)。最后,用蒸馏水将反应器和电导池冲洗干净。将电导电极浸泡在蒸馏水中,待用。

五、实验注意事项

1.实验中所用的溶液都必须新鲜配制,确保溶液浓度准确。同时,配制溶液用水必须是电导率≤10^{-6} S/cm的纯水。NaOH 和 $CH_3COOC_2H_5$ 料液贮桶必须严密,进气口需用合适的吸附剂除去空气中的水分和二氧化碳。

2.在浓度标定实验过程中,每次向电导池装新的试验液时,必须将电导池与电极按要求冲洗干净,不得简化操作步骤马虎行事。

3.对于液相反动力学实验,必须要保证浓度、温度和流率保持恒定和测量准确,因此要有足够的稳定时间。同时,还必须要确保计量泵的两路流量同时保持恒定。

六、实验结果

1.记录实验设备结构参数与操作参数(参数以实验数据处理软件内的为准)

(1)设备参数

  反应釜的直径:$D=$ mm

    高度:$H=$ mm

  搅拌器的型式:

直径：$d=$ ___ mm

(2)操作参数

操作压力：

NaOH 料液浓度：$c'_{B,0}=$ ___ mol/L

$CH_3COOC_2H_5$ 料液的浓度：$c'_{A,0}=$ ___ mol/L

原料液进料比：$CH_3COOC_2H_5$：NaOH = ___

反应物起始浓度：$c_{A,0} = \dfrac{c'_{B,0}}{2} =$ ___

搅拌转速：$r=$ ___ r/min

2.记录浓度与电压信号值函数关系的实验数据

当 $c_{A,0} = c_{B,0} =$ ___ mol/L 时，测得 $U_0 =$ ___ mV；

$c_{A,f} = 0$，$c_{C,f} = c_{A,0} =$ ___ mol/L 时，测得 $U_f =$ ___ mV；

计算：

$$K = \frac{c_{A,0} - c_{A,f}}{U_0 - U_f}$$

最后得到 c_A 与 U 的函数关系式：

$$c_A = K(U - U_f)$$

3.记录测定反应速度和反应速度常数的实验数据

表 5-4-1　测定反应速度和反应速度常数的实验数据记录表

（反应温度 $t=$___℃）

实验序号		1	2	3	4	5	6
反应温度	$t(℃)$						
反应体积	$V(L)$						
总体积流率	$V_{S,0}(L/min)$						
反应物 A 的出口浓度	$U(mV)$						
	$(U-U_f)(mV)$						
	$c_A(mol/L)$						

（反应温度 $t=$___℃）

实验序号		1	2	3	4	5	6
反应温度	$t(℃)$						
反应体积	$V(L)$						
总体积流率	$V_{S,0}(L/min)$						
反应物 A 的出口浓度	$U(mV)$						
	$(U-U_f)(mV)$						
	$c_A(mol/L)$						

4. 实验数据处理

表 5-4-2　实验数据处理记录表

实验序号	1	2
反应温度 $T(\text{K})$		
空间时间 $\tau(\text{min})$		
反应速度 $(-r_A)[\text{mol}/(\text{L}\cdot\text{min})]$		
反应速度常数 $k[\text{L}/(\text{mol}\cdot\text{min})]$		
相关系数 R		
活化能 $E(\text{kJ/mol})$		

七、思考题

1. 如何测连续操作的搅拌釜式反应器的反应速度？

2. 计算实验测得的乙酸乙酯皂化反应的活化能，并写出计算步骤。

附　表

附表1　水的物理性质

温度 t （℃）	饱和 蒸气压 p （kPa）	密度 ρ （kg/m³）	比焓 H （kJ/kg）	比热容 $c_p \times 10^{-3}$ [J/(kg·K)]	热导率 $\lambda \times 10^2$ [W/(m·K)]	黏度 $\mu \times 10^6$ （Pa·s）	体积膨 胀系数 $\beta \times 10^4$ （K⁻¹）	表面张力 $\sigma \times 10^4$ （N/m）	普朗 特数 Pr
0	0.611	999.9	0	4.212	55.1	1788	−0.81	756.4	13.67
10	1.227	999.7	42.04	4.191	57.4	1306	+0.87	741.6	9.52
20	2.388	998.2	83.91	4.183	59.9	1004	2.09	726.9	7.02
30	4.241	995.7	125.7	4.174	61.8	801.5	3.05	712.2	5.42
40	7.375	992.2	167.5	4.174	63.5	653.3	3.86	696.5	4.31
50	12.335	988.1	209.3	4.174	64.8	549.4	4.57	676.9	3.54
60	19.92	983.1	251.1	4.179	65.9	469.9	5.22	662.2	2.99
70	31.16	977.8	293.0	4.187	66.8	406.1	5.83	643.5	2.55
80	47.36	971.8	355.0	4.195	67.4	355.1	6.40	625.9	2.21
90	70.11	965.3	377.0	4.208	68.0	314.9	6.96	607.2	1.95
100	101.3	958.4	419.1	4.220	68.3	282.5	7.50	588.6	1.75
110	143	951.0	461.4	4.233	68.5	259.0	8.04	659.0	1.60
120	198	943.1	503.0	4.250	68.6	237.4	8.58	548.4	1.47
130	270	934.8	546.4	4.266	68.6	217.8	9.12	528.5	1.36
140	361	926.1	589.1	4.287	68.5	201.1	9.68	507.2	1.26
150	476	917.0	632.2	4.313	68.4	186.4	10.26	486.6	1.17
160	618	907.0	675.4	4.346	68.3	173.6	10.87	466.0	1.10
170	792	897.3	719.3	4.380	67.9	162.8	11.52	443.4	1.05
180	1 003	886.9	763.3	4.417	67.4	153.0	12.21	422.8	1.00
190	1 255	876.0	807.8	4.459	67.0	144.2	12.96	400.2	0.96
200	1 555	863.0	852.8	4.505	66.3	136.4	13.77	376.7	0.93
210	1 908	852.3	897.7	4.555	65.5	130.5	14.67	354.1	0.91
220	2 320	840.3	943.7	4.514	64.5	124.6	15.67	331.6	0.89
230	2 798	827.3	990.2	4.681	63.7	119.7	16.80	310.0	0.88
240	3 348	813.6	1 037.5	4.756	62.8	114.8	18.08	285.5	0.87
250	3 978	799.0	1 085.7	4.844	61.8	109.9	19.55	261.9	0.86
260	4 694	784.0	1 135.7	4.949	60.5	105.9	21.27	237.4	0.87
270	5 505	767.9	1 185.7	5.070	59.0	102.0	23.31	214.8	0.88
280	6 419	750.7	1 236.8	5.230	57.4	98.1	25.79	191.3	0.90
290	7 445	732.3	1 290.0	5.485	55.8	94.2	28.84	168.7	0.93
300	8 592	712.5	1 344.9	5.736	54.0	91.2	32.73	144.2	0.97
310	9 870	691.1	1 402.2	6.071	52.3	88.3	37.85	120.7	1.03
320	11 290	667.1	1 462.1	6.574	50.6	85.3	44.91	98.10	1.11
330	12 865	640.2	1 526.2	7.244	48.4	81.4	55.31	76.71	1.22
340	14 008	610.1	1 594.8	8.165	45.7	77.5	72.10	56.70	1.39
350	16 537	574.4	1 671.4	9.504	43.0	72.6	103.7	38.16	1.60
360	18 674	528.0	1 761.5	13.984	39.5	66.7	182.9	20.21	2.35
370	21 053	450.5	1 892.5	40.321	33.7	56.9	676.7	4.709	6.79

附表 2　铜-康铜热电偶分度表(参考端温度为 0 ℃)

温度(℃)	0	1	2	3	4	5	6	7	8	9
	热电动势(mV)									
−40	−1.475	−1.510	−1.544	−1.579	−1.614	−1.648	−1.682	−1.717	−1.751	−1.785
−30	−1.121	−1.157	−1.192	−1.228	−1.263	−1.299	−1.334	−1.370	−1.405	−1.440
−20	−0.757	−0.794	−0.830	−0.867	−0.903	−0.904	−0.976	−1.013	−1.049	−1.085
−10	−0.383	−0.421	−0.458	−0.495	−0.534	−0.571	−0.602	−0.646	−0.683	−0.720
0−	−0.000	−0.039	−0.077	−0.116	−0.154	−0.193	−0.231	−0.269	−0.307	−0.345
0+	0.000	0.039	0.078	0.117	0.156	0.195	0.234	0.273	0.312	0.351
10	0.391	0.430	0.470	0.510	0.549	0.589	0.629	0.669	0.709	0.749
20	0.789	0.830	0.870	0.911	0.951	0.992	1.032	1.073	1.114	1.155
30	1.196	1.237	1.279	1.320	1.361	1.403	1.444	1.486	1.528	1.569
40	1.611	1.653	1.695	1.738	1.780	1.822	1.865	1.907	1.950	1.992
50	2.035	2.078	2.121	2.164	2.207	2.250	2.294	2.337	2.380	2.424
60	2.467	2.511	2.555	2.599	2.643	2.687	2.731	2.775	2.819	2.864
70	2.908	2.953	2.997	3.042	3.087	3.131	3.176	3.221	3.266	3.312
80	3.357	3.402	3.447	3.493	3.538	3.584	3.630	3.676	3.721	3.767
90	3.813	3.859	3.906	3.952	3.998	4.044	4.091	4.137	4.184	4.231
100	4.277	4.324	4.371	4.418	4.465	4.512	4.559	4.607	4.654	4.701
110	4.749	4.796	4.844	4.891	4.939	4.987	5.035	5.083	5.131	5.179
120	5.227	5.275	5.324	5.372	5.420	5.469	5.517	5.566	5.615	5.663
130	5.712	5.761	5.810	5.859	5.908	5.957	6.007	6.056	6.105	6.155
140	6.204	6.254	6.303	6.353	6.403	6.452	6.502	6.552	6.602	6.652
150	6.702	6.753	6.803	6.853	6.903	6.954	7.004	7.055	7.106	7.150
160	7.207	7.258	7.309	7.360	7.411	7.462	7.513	7.564	7.615	7.660
170	7.718	7.769	7.821	7.872	7.924	7.975	8.027	8.079	8.131	8.183
180	8.235	8.287	8.339	8.391	8.443	8.495	8.548	8.600	8.652	8.705
190	8.757	8.810	8.863	8.915	8.968	9.021	9.074	9.127	9.180	9.233
200	9.286	9.339	9.392	9.446	9.499	9.553	9.606	9.659	9.713	9.767
210	9.820	9.874	9.928	9.982	10.036	10.090	10.144	10.198	10.252	10.306
220	10.360	10.414	10.469	10.523	10.578	10.632	10.687	10.741	10.796	10.851
230	10.905	10.960	11.015	11.070	11.128	11.180	11.235	11.290	11.345	11.401
240	11.450	11.511	11.566	11.622	11.677	11.733	11.788	11.844	11.900	11.956

附表 3 乙醇-正丙醇混合液的 *t-x-y* 关系

（x 表示液相中乙醇摩尔分率，y 表示气相中乙醇摩尔分率）

t	97.60	93.85	92.66	91.60	88.32	86.25	84.98	84.13	83.06	80.50	78.38
x	0	0.126	0.188	0.210	0.358	0.461	0.546	0.600	0.663	0.884	1.0
y	0	0.240	0.318	0.349	0.550	0.650	0.711	0.760	0.799	0.914	1.0

乙醇沸点：78.3℃；正丙醇沸点：97.2℃。

附表 4 温度-折光指数-液相组成之间的关系

折光指数 质量分率	25 ℃	30 ℃	35 ℃
0	1.382 7	1.380 9	1.379 0
0.050 52	1.381 5	1.379 6	1.377 5
0.099 85	1.379 7	1.378 4	1.376 2
0.197 4	1.377 0	1.375 9	1.374 0
0.295 0	1.375 0	1.375 5	1.371 9
0.397 7	1.373 0	1.371 2	1.369 2
0.497 0	1.370 5	1.369 0	1.367 0
0.599 0	1.368 0	1.366 8	1.365 0
0.644 5	1.360 7	1.365 7	1.363 4
0.710 1	1.365 8	1.364 0	1.362 0
0.798 3	1.364 0	1.362 0	1.360 0
0.844 2	1.362 8	1.360 7	1.359 0
0.906 4	1.361 8	1.359 3	1.357 3
0.950 9	1.360 6	1.358 4	1.365 3
1.000	1.358 9	1.357 4	1.355 1

参 考 文 献

[1] 卫静莉. 化工原理实验[M]. 北京:国防工业出版社,2014.

[2] 杨涛,卢琴芳. 化工原理实验[M]. 北京:化学工业出版社,2010.

[3] 杜长海. 化工原理实验[M]. 武汉:华中科技大学出版社,2010.

[4] 杨虎. 化工原理实验[M]. 重庆:重庆大学出版社,2008.

[5] 徐伟. 化工原理实验[M]. 济南:山东大学出版社,2008.

[6] 王志魁,刘丽英,刘伟. 化工原理[M]. 4 版. 北京:化学工业出版社,2010.

[7] 王雅琼,许文林. 化工原理实验[M]. 北京:化学工业出版社,2008.

[8] 杨祖荣. 化工原理实验[M]. 北京:化学工业出版社,2014.

[9] 刘光启,马连湘,刘杰. 化学化工物性数据手册[M]. 3 版. 北京:化学工业出版社,2002.

[10] 宋红. 化工原理[M]. 武汉:华中师范大学出版社,2017.

[11] 史贤林,张秋香,周文勇,等. 化工原理实验[M]. 北京:化学工业出版社,2019.

[12] 钟理. 化工原理实验[M]. 广州:华南理工大学出版社,2016.

[13] 王卫东,徐洪军. 化工原理实验[M]. 北京:化学工业出版社,2017.

[14] 叶向群,单岩. 化工原理实验及虚拟仿真[M]. 北京:化学工业出版社,2017.

[15] 宋莎,王艳力,王君,等. 化工原理实验立体教材[M]. 哈尔滨:哈尔滨工程大学出版社,2017.

[16] 姚克俭. 化工原理实验立体教材[M]. 杭州:浙江大学出版社,2015.